불법복사는 지적재산을 훔치는 범죄행위입니다.
저작권법 제97조의 5(권리의 침해죄)에 따라 위반자는 5년 이하의 징역 또는 5천 만원 이하의 벌금에 처하거나 이를 병과할 수 있습니다.

"원리를 알면 개념이 보인다!"

전기 · 전자에 관련된 도서는 무수히 많다. 그러나 전기 · 전자를 알고자 하는 초심자들에게 읽힐 만한 책은 국내에는 그리 많지 않다. 따라서 이것을 안타깝게 여겨온 저희들로서는 좀 더 기본적인 전기 · 전자 개념의 원리를 초등생도 볼 수 있도록 흥미롭게 올컬러 만화로 풀어놓았다는 것이다. 여기에 머물지 않고 만화로의 표현에 전기 · 전자의 길을 눈으로 보여주는 플래시 2D 애니메이션 영상을 QR코드로 구현한 것이 가장 도드라진 특징이다.

① 정전기는 왜 발생되며, 그 작용과 쓰임새는 어디인가?
② 건전지와 꼬마전구의 연결 방법과 사용처는 어디인가?
③ 전류는 무엇이며, 전압은 어떤 것인가?
④ 전압과 전류의 한계값을 아는 방법으로 회로의 계산은 어떻게 하는가?
⑤ 전기의 에너지 원리와 역할은 어떤 것인가?
⑥ 자석과 전자석은 어떤 것이며, 쓰임새는 어디인가?
⑦ 전자 유도 작용이란?
⑧ 반도체 다이오드는 무엇이며, 정류 작용이란?
⑨ 트랜지스터의 구조와 역할은 어떤 것인가?
⑩ 집적 회로(IC)의 작용과 쓰임새는 어디인가?

위의 사항들로 구성한 것을 완전히 이해하였다면 당신은 충분히 전문도서도 해독할 수 있는 능력을 부여 받았음을 자부해도 무방하다.

전기 · 전자를 알고자 이 책을 선택한 당신은 전기 · 전자의 늪을 완전히 탈출할 수 있는 도약의 발판이 되었음을 확신하고 싶다.

2020. 1
골든벨 R&D 발전소

contents

1. 정전기

- 정전기(마찰전기) ·· 10
- 대전 QR ·· 11
- 양전기와 음전기 ·· 12
- 정전 유도 QR ·· 14
- 대전열 帶電列 ·· 16
- 박검전기 Leaf Electroscope ·· 17
- 박검전기에 의한 정전 유도의 실험 ·· 18
- 정전기의 전류 ·· 19
- 천둥이란 ·· 20
- 벼락을 피하려면 ·· 21
- 정전기 ·· 22

2. 건전지와 소형 전구

- 전지 ·· 24
- 전지의 원리 QR ·· 25
- 건전지의 구조 QR ·· 26
- 소형 전구의 구조 ·· 27
- 소켓 ·· 28
- 소형 전구가 켜진다 QR ·· 29
- 전기가 통하는 것과 통하지 않는 것 ·· 30
- 불이 켜지는 장난감과 스위치 ·· 31
- 여러 가지 스위치 ·· 32
- 전선의 연결 방법 ·· 34
- 배선도와 회로 기호 ·· 36
- 쇼트(단락)와 단선 斷線 ·· 37
- 소형 전구의 직렬 연결 QR ·· 38
- 소형 전구의 병렬 접속 QR ·· 39
- 소형 전구의 직렬과 병렬 연결의 조합 QR ·· 40

- 건전지의 직렬 연결 ·· 41
- 건전지의 병렬 연결 ·· 42
- 건전지의 직렬과 병렬 접속의 조합 ······················ 43
- 소형 전구의 건전지의 여러 가지 조합 ················ 44
- 잘못된 건전지의 연결 ·· 46
- 여러 가지 둥근 건전지 ·· 47
- 버튼 전지 ·· 48
- 손전등의 구조 ·· 50
- 축전지 Battery QR ·· 51
- 태양전지 Solar Battery ·· 52

3. 전류와 전압

- 폐회로와 개회로 ·· 54
- 전류 QR ·· 55
- 전하 電荷 ·· 56
- 전압 QR ·· 57
- 저항(전기 저항) ·· 58
- 여러 가지 저항 ·· 59
- 저항값의 구분 방법 ·· 60
- 옴의 법칙 QR ·· 62
- 전류계(직류용) ·· 63
- 전류계(직류용)의 구조 ·· 64
- 전압계(직류용) ·· 65
- 전압계(직류용)의 구조 ·· 66
- 도체의 길이, 굵기와 저항의 관계 ······················ 67
- 온도에 따른 저항값의 변화 ································ 68
- 직류와 교류 QR ·· 69
- 교류 파형 波形 QR ·· 70
- 디지털 신호와 펄스 파형 QR ···························· 71
- 브라운관 오실로스코프 ······································ 72

4. 회로 계산

- 전압의 총계 ··· 74
- 전류의 총계 ··· 75
- 전압을 인가하는 방법 ··· 76
- 저항의 직렬 연결과 합성 저항값 QR ····························· 77
- 저항의 병렬 연결과 합성 저항값 QR ····························· 78
- 저항의 직렬, 병렬 혼합 연결과 합성 저항값 QR ········ 80
- 합성 저항 안의 미지 저항 ·· 81
- 내부 저항 ·· 82
- 내부 저항을 구하는 방법 ··· 83
- 키르히호프의 제1법칙 ·· 84
- 키르히호프의 제2법칙 ·· 86
- 등가等價 회로 ·· 87
- 휘트스톤 브리지 ·· 88
- 휘트스톤 브리지에 의한 미지 저항의 계산 ·················· 89

5. 전기 에너지

- 전류에 의한 발열 작용 ··· 92
- 전류의 발열 원리 ·· 93
- 발열량의 측정 ·· 94
- 줄의 법칙 ·· 95
- 저항의 연결 방법과 발열량의 크기 ································ 96
- 전력 ·· 97
- 전력량 ·· 98
- 적산 전력계 ·· 99
- 전력과 발열량 ··· 100
- 퓨즈 ·· 101
- 소비 전력의 총계 ··· 102
- 전기 에너지의 변환 ··· 104
- 초전도超電導 ··· 106

6. 자석과 전자석

- 자석과 자극 ··· 108
- N극과 S극 QR ··· 109

- 자력磁力의 크기 ··· 110
- 자기磁氣 유도 QR ·· 111
- N극과 S극의 분리 ·· 112
- 자력선磁力線 QR ·· 114
- 지자기地磁氣 ··· 115
- 전류에 영향을 미치는 방위 자침의 방향 ···················· 116
- 전선과 직각으로 놓은 경우 방위 자침의 움직임 ········· 117
- 전류의 크기와 방위 자침의 움직임 ···························· 118
- 오른나사의 법칙 QR ··· 119
- 원형 전류로 발생하는 자계 ··· 120
- 코일이 만드는 자계 QR ··· 121
- 전자석 QR ··· 122
- 전자석의 자력 변화 ·· 123
- 간단한 전자석을 만드는 방법 ····································· 124
- 전자석의 용도 QR ·· 126
- 벨의 구조 QR ··· 127
- 전류가 자계에서 받는 힘 ·· 128
- 플레밍의 왼손 법칙 ·· 129
- 자력선의 방향과 플레밍의 왼손 법칙 ························· 130
- 평행 직류 사이에 작용하는 힘 ···································· 131
- 1 암페어의 정의 ··· 132
- 직류 모터(직류 전동기) ··· 134

7. 전자 유도

- 전자 유도 ··· 136
- 렌츠의 법칙(유도 전류의 방향) QR ··· 138
- 페러데이의 전자 유도 법칙 ··· 139
- 코일의 감은 수와 유도 전압 ·· 140
- 전기 그네에 의한 전자 유도 ·· 142
- 상호 유도 작용(2개 코일에 의한 전자 유도) QR ····················· 143
- 상호 유도 전류 ··· 144
- 플레밍의 오른손 법칙 QR ··· 146
- 자기自己 유도 QR ·· 147
- 교류 발전기 ··· 148
- 교류 발전기의 원리 QR ··· 150

- 자전거용 발전기 ··· 152
- 변압기(트랜스포머) QR ································ 153
- 권수權數와 전압 QR ···································· 154
- 변압기와 전력 ·· 156
- 발전 ·· 158
- 발전소와 송전 ·· 159

8. 전류와 전자

- 아크 방전 ·· 162
- 진공 방전과 글로 방전 ·································· 163
- 형광등과 전구 ·· 164
- 크룩스관과 음극선 ······································ 165
- 크룩스관의 실험(1) ····································· 166
- 크룩스관의 실험(2) ····································· 168
- 원자와 전자電子 QR ···································· 169
- 전자와 아크 방전 ······································· 170
- 금속 결합과 자유 전자 ·································· 172
- 부도체의 구조 QR ······································ 173
- 전자와 전류 ·· 174
- 전기 소량電氣素量 ······································ 176
- 자유 전자와 저항 ······································· 177
- 진공관 QR ··· 178
- 반도체 ··· 179
- 불순물 반도체와 N형 반도체 QR ······················· 182
- P형 반도체 QR ·· 183
- 반도체 다이오드 QR ··································· 184
- 다이오드의 정류整流 작용 QR ·························· 186
- 트랜지스터의 구조 ····································· 188
- 트랜지스터의 역할 QR ································· 189
- 콘덴서 ··· 190
- 콘덴서의 역할 QR ····································· 192
- IC(집적 회로) QR ····································· 193

01 정전기

정전기는 왜 발생하며
그 작용과 쓰임새는 어디인가?

정전기(마찰전기)

겨울의 건조하고 맑은 날 자동차의 문을 열려고 손잡이를 잡을 때, 스웨터를 벗을 때 손가락이 찌릿하는 원인은 도대체 무엇인가. 사실은 스웨터나 블라우스 등이 스쳐서 전기가 만들어져 그 전기가 발생했기 때문에 일어난 현상이다.

이 물체와 물체가 스쳐서 발생하는 전기를 「정전기」 또는 「마찰 전기」라 한다.

대전(帶電)

정전기가 생기면 우선 스웨터나 블라우스, 그리고 신체 등에 일단 저장된다. 그리고 전기가 달라붙기 쉬운 금속(나무나 종이, 플라스틱에는 달라붙기 어렵다)에 가까워지면 금속을 향해 전기가 튀어나간다.

전기가 튀어나가기 전에 옷이나 신체에 전기가 저장되어 있는 상태를 「대전 상태」라고 하며, 예를 들어 음(陰)의 전기를 저장하고 있으면 「음으로 대전하고 있다」고 한다.

양전기와 음전기

대전(帶電)된 물체와 물체를 가까이하면 "밀어내는" 경우와 "달라붙는" 경우가 있다. 이것은 유리 막대를 비단에 문지를 때 유리 막대에 나타나는 「양(+) 전기」와 에보나이트(천연 고무에 황을 첨가한 물질) 막대를 모피(毛皮)에 문지를 때 에보나이트 막대에 나타나는 「음(-) 전기」의 2종류가 있기 때문이다. 여기에서 같은 종류를 대전한 물체끼리 가까이 하면 밀어내고, 다른 종류를 대전한 물체끼리 가까이 하면 달라붙는다.

정전 유도

철이나 구리 등의 금속에 음으로 대전된 에보나이트 막대를 가까이하면, 금속은 막대와 가까운 쪽에는 양(+) 전기를 발생하고, 먼 쪽에는 음(−) 전기를 발생한다. 이러한 현상을 정전기(靜電氣)를 유도한다는 뜻에서 **「정전 유도」**라 한다.

물론 양으로 대전된 유리 막대를 가까이 하면 금속은 그 반대의 전기를 발생한다.

금속에서 에보나이트 막대를 멀리 하면, 지금까지 금속에 발생한 전기는 모두 사라져 원래의 상태로 되돌아간다. 그러나 에보나이트 막대를 금속에 접촉시키면 금속은 음으로 대전되어 막대를 떼어도 음으로 대전한 상태로 있게 된다.

대전열(帶電列)

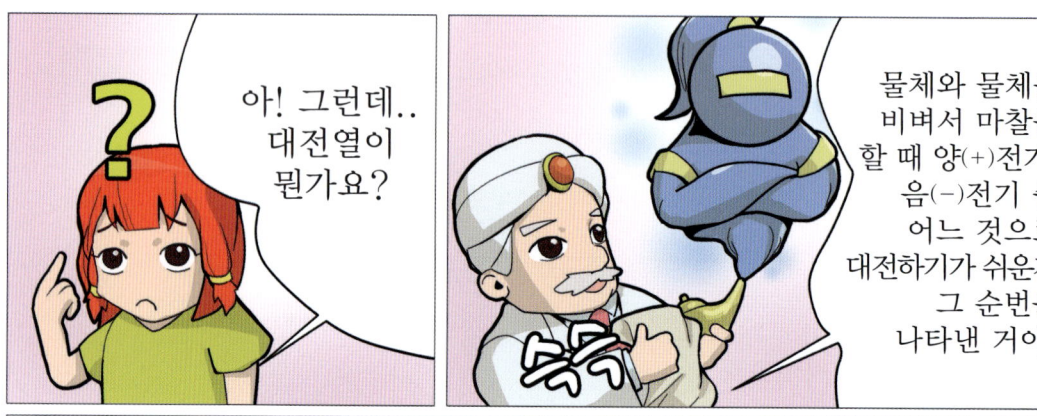

「대전열」이란 물체와 물체를 문질러 정전기를 발생시킬 때 그 재질에 따라 양(+) 전기, 또는 음(-) 전기로 대전하기 쉬운가를 순번으로 나타내는 것을 말한다. 위 대전열에서 예를 들면, 모피와 에보나이트처럼 순번의 차이가 큰 조합일수록 문질렀을 때의 대전력(帶電力)은 커진다.

다만, 양(+) 전기로 대전하기 쉬운 물체라도 대전열이 많이 앞선 순번의 물체와 서로 문지르면 음(-) 전기로 대전된다. 예를 들면 유리 막대를 비단으로 문지르면 양(+) 전기로 대전되지만, 모피로 문지르면 음(-) 전기로 대전된다.

박검전기(Leaf Electroscope)

「박검전기(Leaf Electroscope)」란 정전 유도의 원리를 이용하여 양(+) 전기 또는 음(-) 전기가 대전 되었는지 등을 조사하는 기구이다. 유리 용기의 코르크 마개에 금속 막대를 끼우고, 금속 막대의 아래쪽에 얇은 주석박 2장을 붙이고 위쪽에는 금속판을 장착한 구조이다.

예를 들면, 기구 위쪽의 금속판을 음(-) 전기로 대전해 두고 에보나이트 막대를 가까이 하면, 2장의 주석박은 정전 유도에 의해 음(-) 전기가 모여 서로 반발하여 벌어져 에보나이트 막대가 대전한 전기를 한 눈에 볼 수 있는 장치이다.

박검전기를 이용한 정전 유도의 실험

물체에 대전된 전기를 알려면 음(-) 전기 또는 양(+) 전기로 대전된 박검전기를 사용하면 된다. 즉 음(-) 전기로 대전된 에보나이트 막대를 가까이 하면 주석박이 벌어지고, 양(+) 전기의 **대전체(帶電體)** 를 가까이 하면 음(-) 전기가 금속판으로 이동하여 주석박이 금속 막대에 달라붙는다.
또 에보나이트 막대를 가까이 한 상태에서 금속판에 손가락을 대면, 주석박에 모여 있던 음(-) 전기가 모두 손가락에 흡수되어 양(+) 전기만 금속판에 남는다. 그리고 손가락을 떼고 에보나이트 막대를 멀리하면 양(+) 전기가 주석박으로 이동하여 벌어진다.

정전기의 전류

양(+) 전기로 주석박이 벌어진 박검전기와 전혀 대전하지 않은(즉, 주석박이 벌어지지 않은) 박검전기를 준비하여 양쪽의 금속판을 손으로 만지지 않고 금속선으로 연결하면 대전하지 않았던 박검전기의 주석박이 벌어진다.

이 현상은 양(+) 전기가 대전한 박검전기에서 대전하지 않은 박검전기로 금속선을 통해 이동했기 때문이다. 이 정전기의 흐름이 앞으로 설명할 「전류」이며, 박검전기 2개의 금속판이 마치 전지의 (+)극과 (-)극의 역할을 하고 있다.

천둥이란

천둥은 공기 중의 전기 방전에 의하여 발생하는 무서운 소리로 천둥과 번개는 항상 같이 발생한다. 즉 겨울에 스웨터를 벗을 때 지직지직 하는 소리를 내는 「정전기」 때문이라고 생각하면 된다.
여름의 상공이나 지상 근처에서 높이 깔려 있는 적란운(수직으로 발달된 구름덩이가 산이나 탑 모양을 이룸) 속에서 온도가 다른 작은 눈 조각 등이 서로 비벼서 전기를 만든다. 그리고 이 전기가 더 이상 저장할 수 없을 만큼 많아지면 마침내 전기가 지상으로 방출되어 "낙뢰(落雷)"가 된다.

벼락을 피하려면

벼락의 전압은 수천만 V(전압과 기전력의 단위)라고 한다. 이러한 큰 전압이 사람에게 부딪히면 큰 사고가 발생한다. 그러면 어떻게 벼락을 피할 수 있는가. 먼저 「벼락은 전기가 통하기 쉬운 물체로 혹은 가장 가까운 것으로 떨어진다.」는 원칙을 알아야 한다. 천둥 번개가 칠 때 주변에서 가장 높은 곳에 있고, 또 몸에 전기가 통하는 물건을 많이 지니고 있으면 가장 위험하다. 옥외에서는 시계 등의 금속 제품을 풀고 우산은 우의로 바꾸고, 가능한 한 몸을 낮춰 행동해야 한다. 등산할 때는 「천둥 번개가 자주 발생하는 여름 오후에는 산등성이에 서 있지 말라」고 예전부터 전해고 있다.

정전기

전기에는 지금까지는 양(+) 전기와 음(-) 전기의 2종류가 있다고 했는데, 사실은 전기에는 음(-) 전기밖에 없다. 그렇다면 양(+) 전기란 무엇인가?
에보나이트 막대를 모피로 문질렀을 경우로 설명하면 이렇게 된다. 문질러 나타난 음(-) 전기는 모피가 에보나이트 막대에 주었기 때문에 모피에는 음의 전기가 없어진 빈자리 즉, 구멍이 된다. 그리고 이 구멍은 음(-) 전기를 끌어들여 같은 구멍을 메우는 힘을 갖는다. 이 구멍이 바로 양(+) 전기인 것이다.

02

건전지와 꼬마전구의 연결 방법과
시용처는 어디인가?

건전지와 소형 전구

전지

가정에서 사용하는 전기의 대부분은 콘센트에서 전선을 통해 얻는데, 전선이 거추장스럽거나 외부로 가져갈 수 없어 불편하다. 그래서 생각한 것이 소형 상자나 통에 일정량의 전기를 저장하여, 연결하면 어디에서나 간단하게 전기를 얻을 수 있는 것이 「전지」이다.

이후부터 설명하는 전지의 대부분은 「화학전지」이며, 화학전지는 전기가 없어지면 다시 충전(저장)하여 사용할 수 있는 2차 전지와 한 번밖에 사용할 수 없는 1차 전지 등 2종류가 있다. 1차 전지의 대표적인 것이 건전지이다.

전지의 원리

조금 어렵겠지만, 여기서 화학전지의 전기 발생 원리에 대해 설명한다. 위의 그림과 같이 2종류의 금속판(또는 탄소봉)을 산(酸)이나 알칼리 수용액에 담그면 금속판이 반응하여(이온화하여) 금속판을 음(−) 전기로 대전(帶電)시킨다.

그런데 2개의 금속판에 대전하는 세기가 다르기 때문에 2개의 금속판을 도선(전기를 통하는 금속선)으로 연결하면 음(−) 전기가 많은 쪽에서 적은 쪽으로 이동한다. 그리고 다시 대전을 반복한다. 이때의 음(−) 전기가 많은 쪽(그림에서는 아연판)을 마이너스(−)극이라 하고, 적은 쪽(그림에서는 구리판)을 플러스(+)극이라 한다.

건전지의 구조

와~!
건전지 안에 이런 것이 들어 있구나!

- 금속 캡
- +극
- 탄소봉
- 밀봉 재료
- 이산화망간 탄소분말 염화암모늄을 혼합한 것.
- 염화암모늄을 적신 종이
- 금속 외장
- 플라스틱 (절연물)
- 아연통
- -극
- 금속 밑판

이것이 건전지의 내부란다.

망간 건전지의 구조를 살펴보자. 중앙에 탄소봉을 놓고, 주변을 염화암모늄 수용액에 적신 종이와 아연 통으로 둘러싸고 그 사이에 이산화망간, 탄소분말, 염화암모늄을 혼합하여 채워 넣었다. 마치 염화암모늄 수용액에 아연과 탄소봉을 담근 것과 같으며(아연 통이 (−)극이고, 탄소봉이 (+)극), 수용액이 변화하여 양극을 대전시킬 힘이 없어질 때까지 전기를 끌어낼 수 있다. 또 액에서 발생하는 수소가 탄소봉에 달라붙으면 전기가 흐르지 않으므로 이를 방지하기 위해 이산화망간을 「**감극제(減極劑) : 전지가 일정한 전류를 내기 위해 전극에서 분극적용을 감소시키는 물질**」로 사용하고 있다.

소형 전구의 구조

필라멘트는 텅스텐이라는 금속의 가는 선으로 전기를 통하면 맹렬하게 높은 온도가 된다. 이 열에 의해 나오는 빛을 잘 이용하는 것이 「소형 전구」이다.
구조는 꼭지쇠와 유리구 부분으로 구성되어 있으며, 이 유리구 안에 필라멘트가 금속 봉으로 지지되어 있다. 그리고 이 금속봉의 하나는 꼭지쇠(황동 또는 양철 등)에 연결되고, 다른 하나는 꼭지쇠의 끝부분에 납땜하여 전기가 통하는 길(회로)을 구성하고 있다. 그리고 유리구 안은 산소가 있으면 필라멘트가 타서 끊어지므로 진공(물질이 없는 비어있는 상태)으로 되어 있다.

소켓

건전지의 양극(兩極)에 연결된 도선을 손으로 잡고 소형 전구의 꼭지쇠와 그 끝의 납땜한 부분에 대어도 물론 전구가 점등되지만, 더 편하고 안정되게 점등시키기 위한 기구가 바로 「소켓」이다.
전기가 통하지 않는 베이클라이트 재료로 만든 통 안에 나사형 홈을 낸 황동제의 통을 설치하였다. 여기에 소형 전구를 끼워 고정시키면 꼭지쇠는 황동제 통에 연결되고, 소형 전구 끝의 납땜한 부분은 황동제 통 중앙의 금속 부분에 접촉된다. 그래서 건전지에서 나온 전기는 소형 전구에 흘러 안정된 점등 상태를 유지한다.

소형 전구가 켜진다

소형 전구를 소켓에 오른쪽으로 돌려 끼우고 소켓의 2개 전선을 건전지의 (+)극과 (−)극에 연결하면, 건전지에서 전기가 공급되어 전구가 점등된다. 물론 건전지의 극을 반대로 해도 점등하고 전선의 길이 또한 어느 정도까지는 짧거나 길어도 역시 점등한다.

그 이유는 뒤에서 설명하는 「저항」과 관계가 있다. 즉, 전선이 상당히 길어도 그 총 저항은 전구의 필라멘트 저항에 비하여 매우 작기 때문에 필라멘트에 흐르는 전기의 양은 거의 감소하지 않고 점등의 밝기도 변하지 않는 것이다.

전기가 통하는 것과 통하지 않는 것

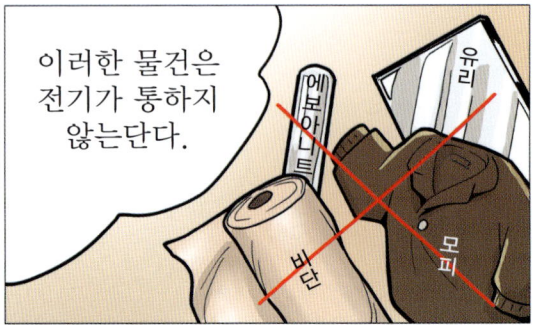

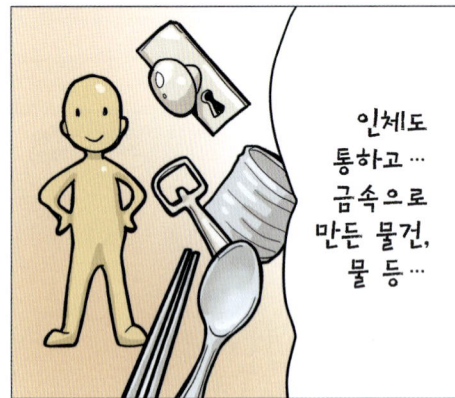

전기를 잘 사용하기 위해서는 "전기가 통하는 것"과 "통하지 않는 것"을 잘 결합하여야 한다. 만일 소형 전구나 소켓을 전기가 통하는 것만으로 만들면, 대부분의 전기는 필라멘트를 통하지 않고 건전지의 (−)극으로 빨려 들어가 전구는 점등되지 않는다.

그러면 전기가 통하는 것은 금속으로 만든 물건 그리고 사람의 인체, 지구 등을 들 수 있다. 이것을 **도체**라고 한다. 한편, **전기가 통하지 않는 것(절연체 또는 부도체)** 은 대전체로써 앞에 설명한 **유리, 에보나이트, 비단, 모피 등**이 있다.

불이 켜지는 장난감과 스위치

전선으로 소형 전구와 건전지를 연결하면 소형 전구를 점등시킬 수 있다. 이것을 이용하여 소형 전구를 켜거나 끄거나, 여러 가지 색깔의 소형 전구를 점멸시켜 장난감을 만들 수 있다.
전선을 연결하거나 떼면 전구가 점멸하는데, 이것을 간단하고 정확하게 작동 하는 것이 스위치이다. 또 전기가 통하는 것 사이에 전기가 통하지 않는 것을 넣어도 점멸 스위치와 같은 역할을 하게 할 수 있다.

여러 가지 스위치

스위치에는 역할에 따라 많은 종류가 있다. 예를 들면 같은 2점 전환이라도 「끄고」「켜고」 중 어느 1개로 전환하는 것도 있고, 2개의 회로(전기가 통하는 길) 중 어느 하나를 선택하는 것도 있다. 또 많은 회로를 여러 가지로 조합하여 연결해 주는 스위치도 있다.
구조도 여러 가지인 스위치는 시소의 원리로 켜고 끄는 스위치도 있고, 손잡이를 옆으로 밀어서 전환하는 스위치, 한 번 누름으로써 전환이 번갈아 이루어지는 「로터리 스위치」도 있다

전선의 연결 방법

전선은 전기가 통하는 가는 구리선의 다발을 전기가 통하지 않는 비닐 등으로 감싼 것이며, 전기를 통하게 하려면 우선 연결할 부분의 비닐을 커터 등으로 벗겨서 구리선을 노출시켜야 한다.
그리고 2개의 구리선 부분을 비틀어 꼬아서 접촉하고 있는 부분이 움직이지 않도록 연결하여야 한다. 이때 연결한 부분이 움직이면 소형 전구가 가끔 꺼지기도 하고, 또 전기 흐름이 약해 어두워지기도 한다.
이와 같은 연결의 불안정을 없애기 위한 방법은 납이나 주석 합금으로 감싸는 「납땜」이다.

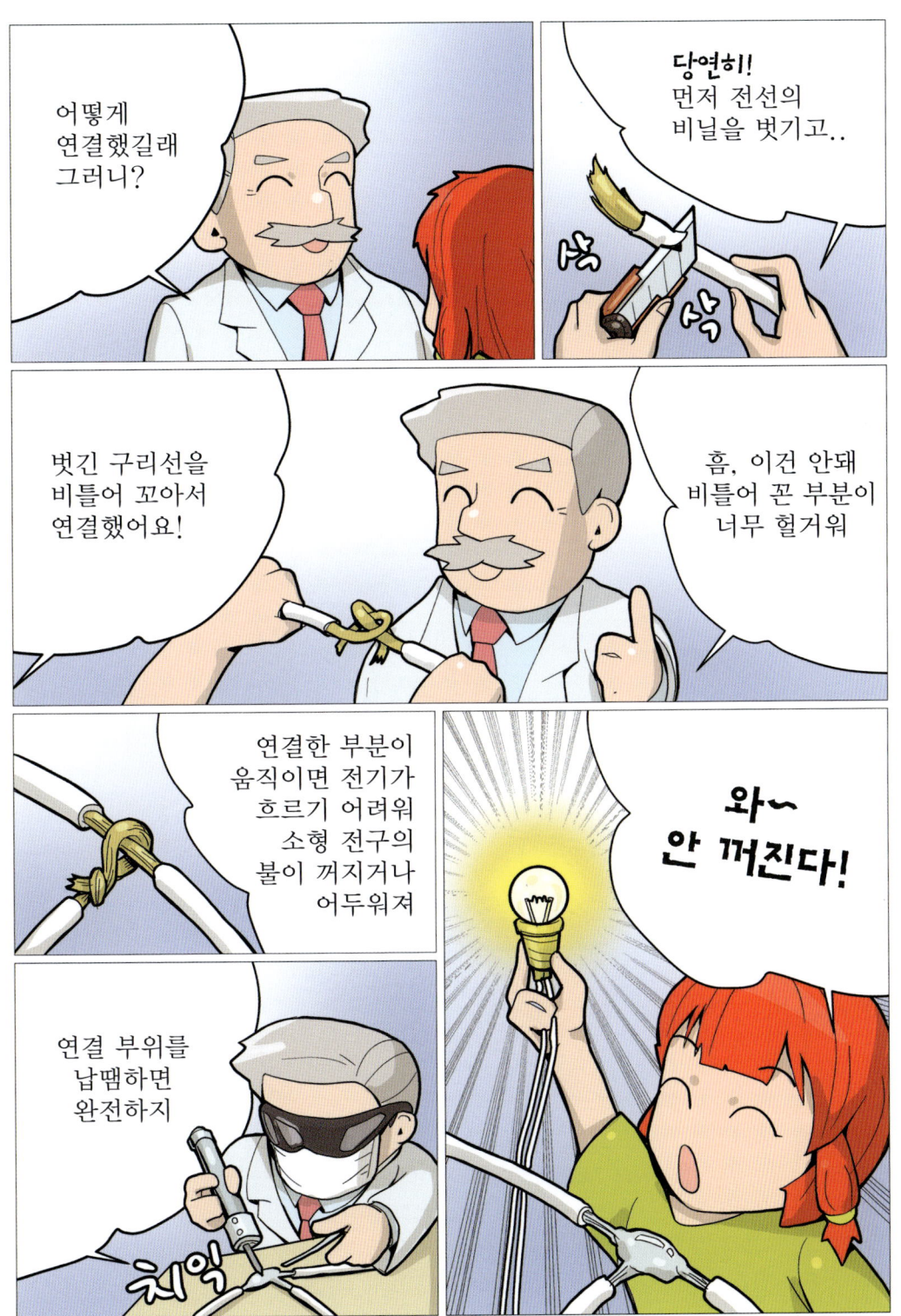

배선도와 회로 기호

전기의 통로를 「전기 회로」 또는 「회로」라 하며, 회로의 연결을 나타낸 그림을 「회로도」 또는 「배선도」라고 부른다. 회로도에서는 전기 부품은 모두 기호로 표시하며, 건전지, 소형 전구, 스위치는 그림과 같이 표시한다. 또 회로가 복잡하게 되면 회로도의 선이 교차하는 경우가 있는데 교차하는 선이 연결되어 있는 것은 (+)로 나타내고, 연결되지 않고 교차한 것은 (+)로 나타낸다.

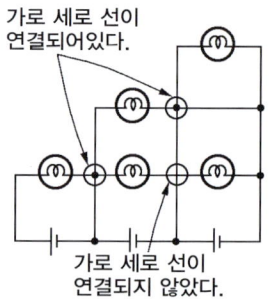

쇼트(단락)와 단선(斷線)

밝게 켜졌던 소형 전구가 갑자기 꺼졌을 경우, 생각할 수 있는 원인은 두 가지이다. 스위치가 꺼진 것과 같이 전선의 어딘가가 끊어져 **단선(disconnection)**이 되었거나 또는 필라멘트 바로 앞에서 **쇼트(단락)**된 것이다.

쇼트가 되면 전기가 한 번에 많이 흘러서 선이 뜨거워지며, 순식간에 건전지가 방전되어 전기가 공급되지 않는다. 그래서 전선의 쇼트를 방지하기 위해 전기가 통하지 않는 비닐이나 고무 등으로 입혀져 있다.

소형 전구의 직렬 연결

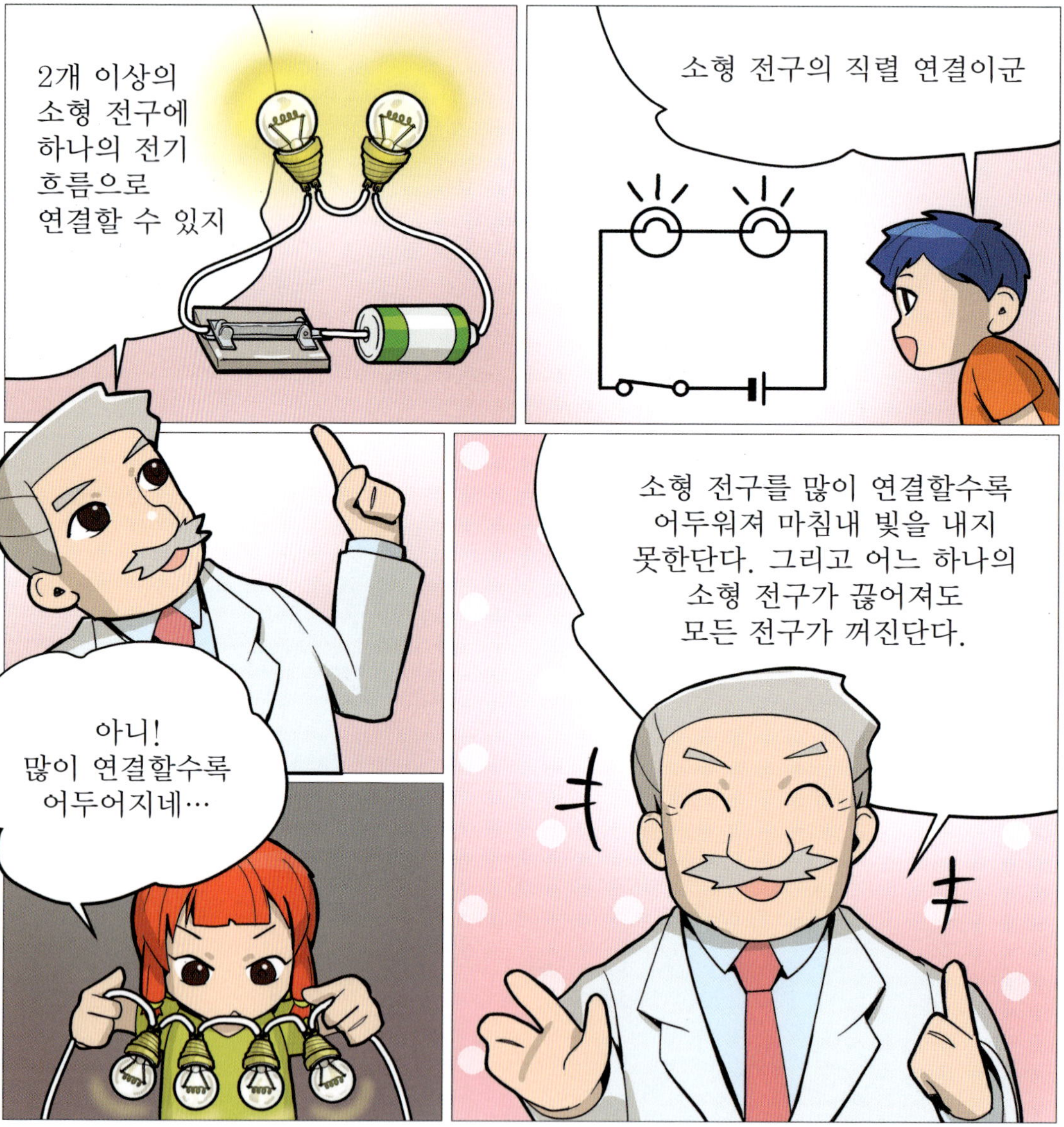

2개 이상의 소형 전구를 하나의 전기 흐름으로 연결하는 방법을 「**소형 전구의 직렬 연결**」이라고 한다. 어느 부분의 전선이 끊어지거나 또 어느 하나의 전구에서 필라멘트가 끊어져도 전기의 흐름이 멈추어 모든 전구는 꺼진다.

그리고 소형 전구의 수를 많이 연결하면 연결 할수록 전구의 밝기는 약해지고, 너무 많이 연결하면 결국에는 빛이 발생되지 않는다. 이것은 전구가 많아질수록 「**저항**」이 커져 흐르는 전기의 양이 점점 줄어들기 때문이다. 저항은 뒤에서 자세히 살펴보기로 한다.

소형 전구의 병렬 접속

전기의 흐름이 갈라져 각각의 소형 전구로 흐르도록 연결하는 방법을 「**소형 전구의 병렬 연결**」이라고 한다. 갈라진 회로는 각각 독립되어 있으므로 하나의 전구가 끊어져도 다른 전구는 불이 켜진 상태가 유지된다.

또 직렬 연결에서는 소형 전구를 많이 연결하면 어두워졌지만, 병렬 연결에서는 아무리 연결해도 1개당 밝기는 변하지 않는다. 다만, 많은 전구를 연결할 경우 한 번에 사용되는 전기량이 많아지므로 건전지의 소모는 빨라진다.

소형 전구의 직렬과 병렬 연결의 조합

소형 전구의 직렬 연결과 병렬 연결을 조합하여 연결하는 방법도 있단다.

직렬과 병렬 연결 회로도

소형 전구의 직렬 접속과 병렬 접속을 조합하여 위의 그림과 같은 직·병렬 회로를 만들 수 있다. 이러한 회로도의 연결 방법에 따라 나타나는 성질이 결정되므로 하나하나의 소형 전구가 직렬 또는 병렬의 어느 연결이 다른 소형 전구와 연결되어 있는지를 살펴보면 전체의 성질도 알 수 있게 된다.
위 그림의 회로에서는 소형 전구의 B와 C, 그리고 D, E, F가 각각 병렬로 연결되어 있고, A와 (B 및 C) 그리고 (D, E, F)가 직렬로 연결되어 있다.

건전지의 직렬 연결

그림과 같이 3개의 건전지를 직렬로 연결하면 마치 한 사람을 뒤에서 두 사람이 미는 모양이 된다. 전기를 미는 힘(전압이라 한다)은 3배가 되며, 같은 회로라면 한 번에 흐르는 전기의 양(전류라 한다)도 3배가 되어 건전지가 1개일 때보다 소형 전구의 불빛이 더 밝다.

다만, 소형 전구의 직렬 연결과 마찬가지로 전지 홀더를 사용하고 있는 경우는 건전지 하나만 떼어내도 회로는 연결되지 않아 소형 전구의 불이 꺼진다.

건전지의 병렬 연결

여러 개의 건전지 (+)극과 (+)극을 연결하고, (−)극과 (−)극을 연결하여 회로를 구성하는 방법을 「건전지의 병렬 연결」이라고 한다. 직렬 연결과는 달리 전기를 미는 힘(전압)이 변하지 않으므로 흐르는 전기의 양(전류)도 변화가 없어 소형 전구의 밝기는 변화하지 않는다.

그렇지만 건전지가 1개일 때와 같은 전기의 양을 여러 개의 건전지로 분담하므로 그만큼 수명이 길어진다. 건전지를 연결하는 회로가 각각 독립되어 있어 1개의 건전지를 빼내도 소형 전구는 꺼지지 않는다. 그러나 1개를 빼내면 그만큼 수명이 짧아진다.

건전지의 직렬과 병렬 접속의 조합

건전지의 직렬 연결과 병렬 연결을 조합하여 위와 같은 회로를 만들 수 있다. 병렬 연결이라면 전기를 미는 힘(전압)은 변하지 않지만 건전지의 수명이 길어지고, 직렬 연결이라면 건전지의 수명은 같지만 전기를 미는 힘(전압)이 커진다.
이러한 성질을 조합한 것이 이 회로 전체의 성질이라고 할 수 있다. 즉 위의 회로는 직렬 연결로 파워가 2배인 것이 3개가 병렬로 연결된 형태이며, 건전지가 1개일 때보다 소형 전구는 밝고 점등 시간도 길어진다.

소형 전구와 건전지의 여러 가지 조합

4개의 스위치를 사용하여 소형 전구와 건전지의 여러 가지 결합을 생각한 것이 오른쪽 위의 그림이다. 스위치 B와 D을 연결하면 건전지 1개로 소형 전구 1개에 불을 켜는 회로가 되며, 이것에 스위치 A를 a쪽으로 하면 병렬로 연결되어 건전지 1개로 소형 전구 2개에 불을 켜는 회로가 된다. 이렇게 하면 건전지와 소형 전구가 모두 각각 4개의 조합으로 16개의 회로를 구성할 수 있다.
가장 불이 밝은 것은 스위치 B를 연결하고 스위치 C를 d에 연결한 경우(그림 3)이며, 오래 점등할 수 있는 것은 스위치 D를 연결하고 스위치 A를 b에, 스위치 C를 c에 연결한 회로(그림4)이다.

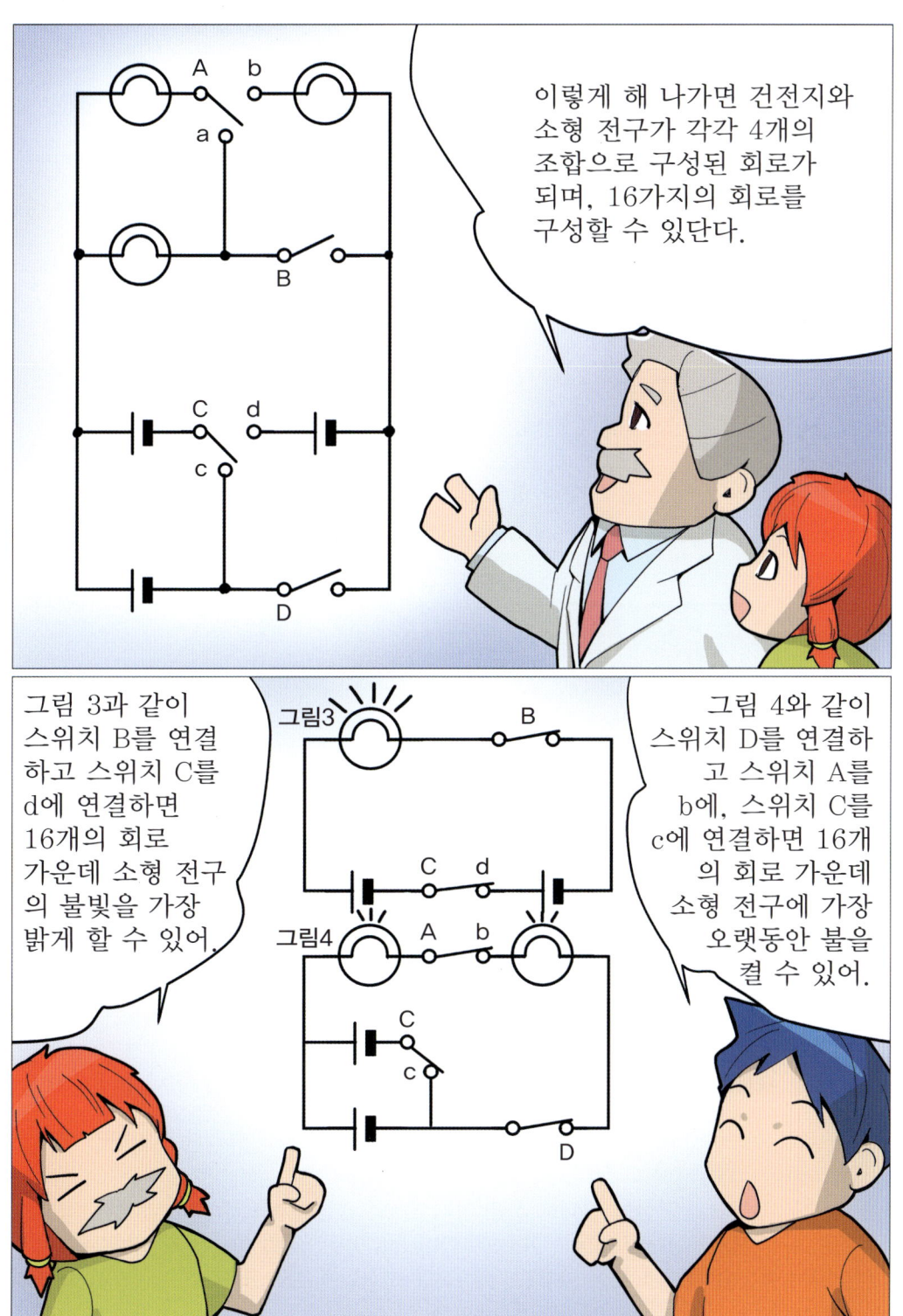

잘못된 건전지의 연결

전기는 (+)극에서 (-)극으로 한 방향으로만 흐른다. 건전지의 방향을 틀리게 연결하면 소형 전구가 켜지지 않거나 어두워지기도 한다.
예를 들면, 건전지 2개의 극성을 반대로 하면 마치 2개의 건전지가 마주 보고 미는 것과 같아서 힘은 0이 되고, 건전지가 3개인 경우도 2대 1이 되어 회로에는 1개의 힘밖에 작용하지 않는다. 또 병렬 연결에서 방향을 틀리게 하여 (+)극과 (-)극을 연결하면 쇼트 상태로 되어 잠깐 사이에 건전지를 못쓰게 된다.

여러 가지 둥근 건전지

건전지에는 비교적 큰 힘(전압)을 가진 사각형(이 형식은 (+)극과 (-)극이 같은 쪽에 배치되어 있다)과 예전부터 많이 사용한 원통형이 있다. 원통형의 건전지는 그 크기(치수)에 따라서 가장 큰 것부터 단(單)1, 단2, 단3, 단4, 단5의 5종류로 분류되어 있다.
그러나 이 원통형 건전지의 전압은 약 1.5V로 모두 통일되어 있으므로 제일 큰 단1이나 제일 작은 단5에서 소형 전구의 밝기는 변하지 않는다. 다만, 밝기가 지속되는 시간은 전지 크기가 큰 것일 수록 길다.

버튼 전지

지금은 대부분 손목시계도 전기로 움직이는데, 이렇게 작은 기계는 큰 건전지가 필요하지 않다. 그래서 대부분의 소형 기계는 많은 전기량(전류)이 필요하지 않은 것에 착안하여, 전지의 재료를 적게 하는 등 소형화한 것이 「**버튼 전지**」이다.

버튼 전지는 (+)극과 (-)극에 사용하는 물질에 따라서 여러 가지가 있지만, 지금까지 가장 많이 사용되고 있는 것이 산화은 전지(1.55V)이다. 그 구조는 (-)극에 망간 전지와 같은 아연이 사용되지만 (+)극의 역할은 산화은이 담당하고 있다.

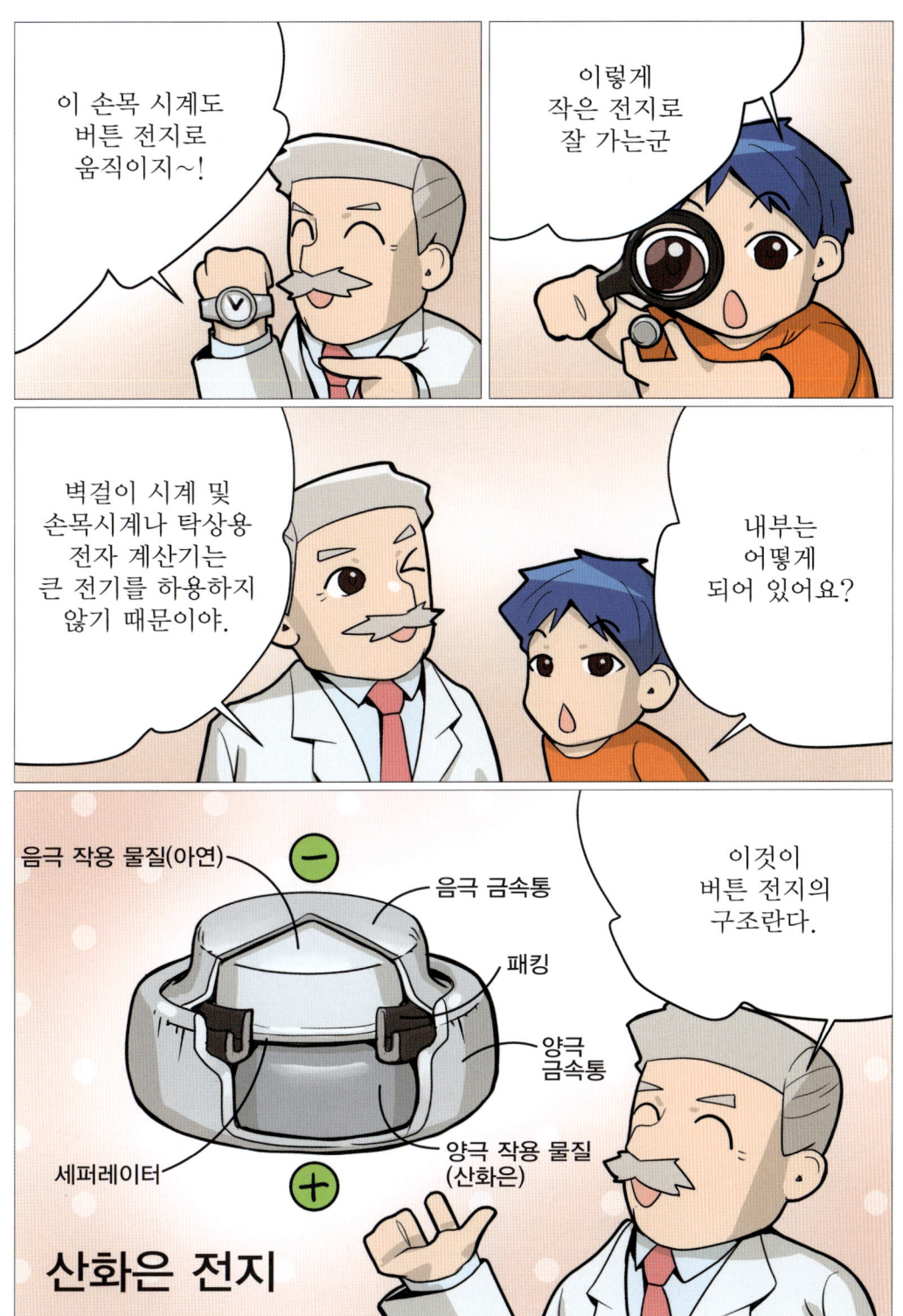

손전등의 구조

비상용으로 각 가정에 1개는 반드시 있다는 것이 이 손전등이다. 캠프파이어 등에서 하는 "담력 시험"에도 필수품이다. 이 손전등은 2개의 건전지를 사용하는 일반적인 타입으로 구조는 위와 같이 되어 있고, 그 회로는 오른쪽 그림과 같다. 이 손전등이 켜지지 않으면 ① 건전지가 소모되었다. ② 위치가 접촉되지 않는다. ③ 스프링이 줄어들어 전지에 접촉되지 않는다. ④ 전구가 끊어졌다. 등 원인을 생각할 수 있다.

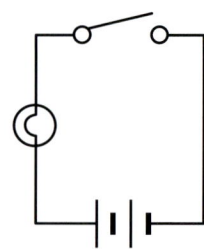

축전지(Battery)

축전지는 건전지와 다르게 충전하여 사용하는 것이 큰 특징이다. 자동차에 사용되는 배터리(납산 축전지)와 전기면도기 등 소형 제품에 사용하는 알칼리 축전지가 있다. 이 가운데 납산 축전지는 (+)극에 이산화납, (-)극에는 납을 사용하여 묽은황산에 담가 황산이 황산납으로 변하는 과정에서 전기가 발생되는 구조이다.
그래서 황산이 적어지면 전기를 발생할 수 없어 외부에서 전기가 반대로 흐르도록 전압을 공급하여 황산납을 분해함으로써 다시 전기가 발생하는데, 이 과정을 「충전」이라고 한다.

태양전지(Solar Battery)

교환이나 충전하지 않는 편리한 전지로써 탁상용 전자 계산기와 리모컨, 야외의 시계와 조명등에 사용하는 전지는 「태양 전지」이다. 태양 전지로 달리는 자동차 「솔러 카」는 주유소가 필요 없다. 태양 전지는 금속에 빛을 비추면 전기(전자)가 튀어나오는 성질을 이용하고 있다.
즉, 전자가 많은 물체와 적은 물체를 합한 구조로 준비하여 빛을 비추면 전자가 많은 물체에 더 많은 전자를 모아(전위차를 발생시켜) 전기가 흐르도록 한다. 이러한 전지를 화학 전지에 대응하여 「물리 전지」라고 부른다.

03

전류는 무엇이며
전압은 어떤 것인가?

전류와 전압

폐회로와 개회로

(개회로)

전기가 흐르지 않는다.

아래와 같이 전기가 흐르는 회로가 전부 접속되어 있는 회로를 "**폐회로**"라 한다.

어디든 한 곳이라도 끊어진 회로를 "**개회로**"라 하는군!

전기가 흐른다.

(폐회로)

전기가 흐르는 통로를 「회로」라고 하며, 그 회로가 한 곳이라도 끊어지면 전기는 전혀 흐르지 않는다. 전기가 흐르도록 모두 연결된 회로를 「**폐회로(閉回路)**」라고 하며, 한 곳이라도 끊어져 전기가 흐르지 못하는 회로를 「**개회로(開回路)**」라고 한다.
오른쪽 그림에서는 A의 회로가 폐회로이고, B의 회로가 개회로이다. 이와 같이 하나의 회로 안에 개회로와 폐회로가 같이 배치되어 있는 경우도 있다.

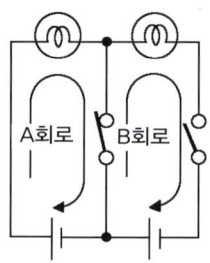

A회로 B회로

전류

전기가 흐르고 있는지 여부는 소형 전구가 켜지는 것으로 알 수 있다. 그리고 그 소형 전구가 매우 밝으면 큰 전류가 흐르고, 어두우면 작은 전류가 흐른다. 전류의 크기를 나타내는 단위를 암페어(A)라고 한다.

1A는 그 전류가 영향을 미치는 길이에 대한 힘(제6장「자석과 전자석」을 참조)으로 결정되며, 전압, 저항 등 여러 가지 전기적 단위의 기본이 되고 있다. 1A의 1,000배가 1kA, 1,000분의 1이 1mA, 백만분의 1이 1μA이며, 가정의 100W(200V)전구 2개를 키면 집 안에는 1A의 전류가 흐르고 있는 것이다.

전하(電荷)

전기라는 용어에는 물질(뒤에 전자에서 설명한다)의 뜻과 전기적인 힘이라는 뜻의 2가지가 있는데, 「전하」는 전기적인 힘을 나타내는 용어이다.
즉, 전하는 치수나 무게, 개수(個數)가 아니라 전기적으로 끌어당기거나 멀리하는 힘이 얼마나 있는지 나타내는 것으로 전하가 크면 그만큼 힘도 크다. 다만, 전하가 영향을 미치는 힘은 전하에서 멀어지면 멀어질수록 작아진다. 단위는 쿨롱(C)이며, 1A의 전류가 1초 동안에 운반되는 전하량을 1쿨롱이라고 한다.

전압

이것은 전기 회로를 물의 흐름으로 바꿔 놓은 모델이야.

소형 전구는 가느다란 전선에 큰 전기가 흐르므로 열을 발생하여 빛을 낸다

수위차

전지

펌프

그래!! 물의 흐름이 전류이고 수위차가 전압이군.

전기의 흐름을 물에 비유한 모델은 위와 같다. **물의 흐름**(단위 시간 동안 흐르는 물의 양)이 전류이고, **수위차(전위차)**가 전압. 통로의 기울기가 뒤에 설명하는 저항. 수위차가 크고 기울기가 급하면(저항이 작음) 그만큼 물의 흐름(전류)도 세차다.

단위는 V(볼트)로 나타내며, 1A의 전류가 흐르는 회로에서 매초 1J(줄)의 전기에너지를 발생하는 전압을 1V라고 한다. 1V의 천배가 1kV, 1천분의 1이 1mV, 백만분의 1이 μV이다. 그리고 1J이란 1뉴턴(약 10분의 1kg중)의 힘으로 물체를 1m 이동시켰을 때의 일량이다.

저항(전기 저항)

전기는 금속 등의 내부를 여기저기 부딪치며, 밀어 헤치고 나아간다. 이 부딪치는 양이나 횟수가 많을수록 전기는 흐르기 어려워지지만, 그 전기의 흐름에 어려움을 나타낸 것이 저항(혹은 전기 저항) 값이다. 회로도에서는 ─⋎⋎⋎─ 기호로 나타낸다.

단위는 Ω(옴)이며, 1A의 전류를 흐르게 할 때 1V의 전압이 필요한 회로의 저항값을 1Ω이라고 한다. 제4장의 회로 계산 부분에서 저항분의 1(저항의 역수(逆數))이 중요한 역할을 하게 되는데, 이 숫자는 저항과 반대 역할이라는 뜻에서 「전기 전도도(轉導度)」라고도 한다.

여러 가지 저항

직렬 미끄럼 저항기

B 2개 직렬 미끄럼 저항기

저항기(紙抗器) 또는 저항 부품에는 하나의 저항값만 있는 고정 저항 외에도 일정한 범위에서 저항값을 바꿀 수 있는 여러 가지 저항기가 있다.
예를 들면, 접점의 위치를 좌우로 움직여 도선의 길이를 변화시키는 「미끄럼 저항기」와 손잡이를 돌려서 도선의 길이를 바꾸는 「미끄럼 선형(線形)」, 「다이얼형」 등이 있으며, 이것들은 모두 회로도에서 ─\/\/\─ 또는 ─\/\/─ 로 표시한다. 이들 저항기의 사용법을 예를 들면, 「2개의 직렬 미끄럼 저항기」에서는 A단자와 B단자에 회로를 연결하여 상하 2개의 접점을 각각 좌우로 움직여 저항값을 바꾼다.

저항값의 구분 방법

저항 부품은 모양이 같아도 저항값이 전혀 다른 경우가 있다. 이 때문에 만일 잘못 사용하면 뜻하지 않게 되는 경우가 있다. 그런데, 저항 부품의 굵기는 대부분 색연필의 심 정도이므로, 여기에 여러 가지 문자를 써 넣는 것은 어렵다.

그래서 저항값을 **컬러 선**으로 나타낸다. 끝에 가까운 쪽에서 2개의 선이 유효 숫자이고, 세 번째가 그 뒤에 오는 0의 수, 네 번째가 허용차(%)이므로 예를 들면, 첫 번째 선부터 황색, 밤색, 갈색, 적색으로 되어 있다면 그 저항값은 470Ω이고 허용차는 ±2%가 된다.

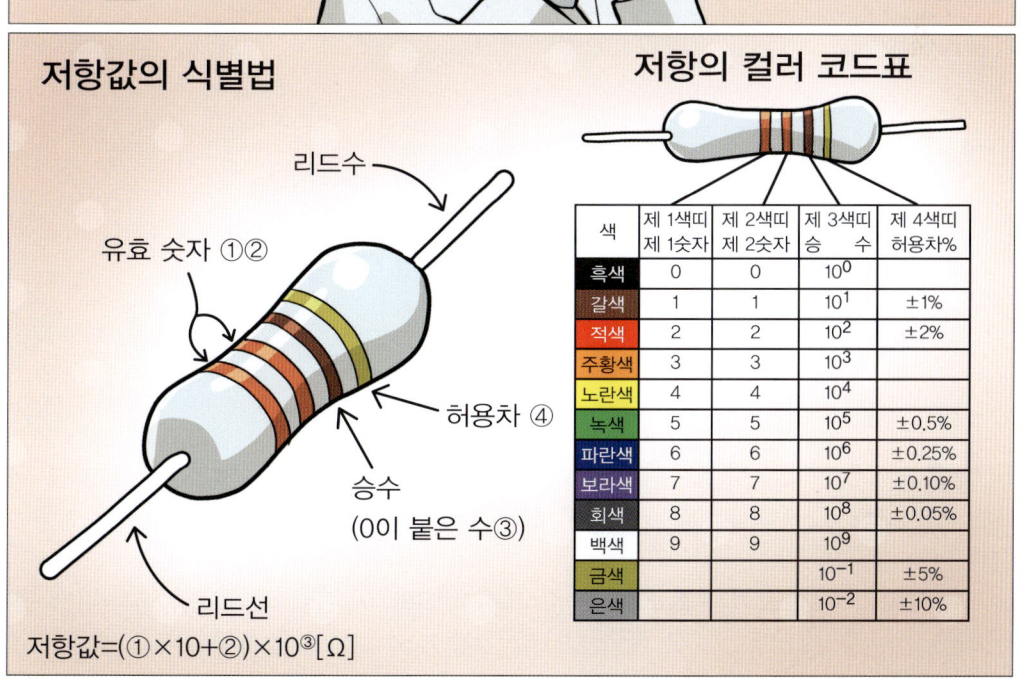

옴의 법칙

장애물이 5개 있으면 10명이 달려서 골인할 수 있는 사람이 2명!!!

우당탕 헉 끼익 헉 야호 우당탕

장애물이 10개라면 골인할 수 있는 사람은 1명이 되네! 이렇게 **옴의 법칙**이라는 거야!

전압이 같을 경우 회로 저항이 2배로 되면 흐르는 전류는 1/2이 된다. 즉, 50개의 장애물을 놓고 500개의 볼을 굴렸을 때 무사히 통과한 볼이 10개라면, 100개의 장애물을 놓으면 이번에는 5개밖에 통과하지 않는다.

이것은 전압을 E, 저항을 R, 전류를 I로 하면 E=R×I가 되며, 이 관계식을 「**옴의 법칙**」이라 한다. 또 옴의 법칙을 변형시키면, $R = \dfrac{E}{I}$ 로 되며, R는 세로축에 전압, 가로축에 전류를 표시한 그래프의 직선 경사를 나타낸다. 이 경사가 완만할수록 전기는 흐르기 쉽다.

전류계(직류용)

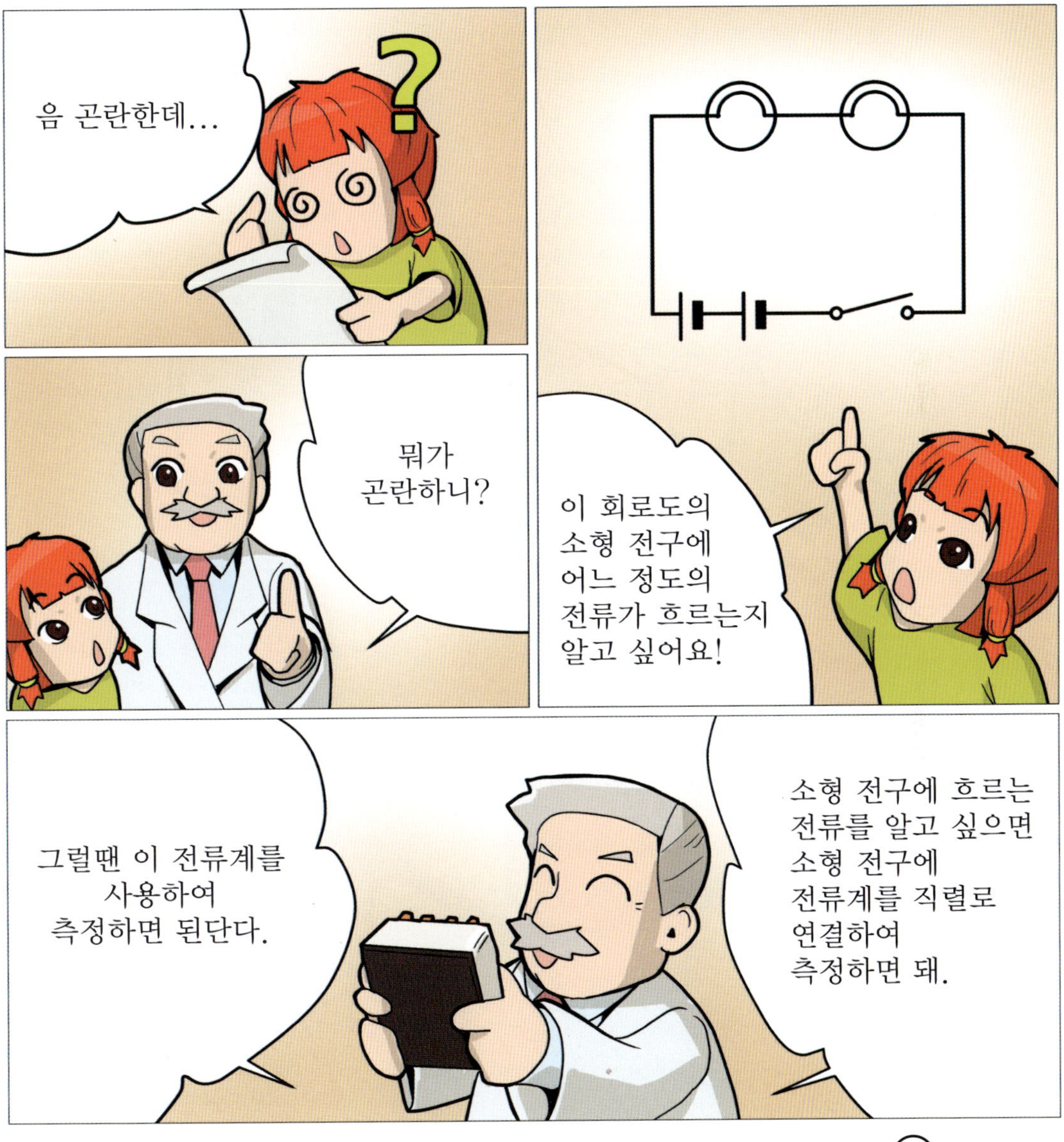

그 회로에 도대체 어느 정도 크기의 전류가 흐르고 있는가를 알아보는 기구가 「**전류계**」이다. 회로도에서는 Ⓐ로 표시하며, 전지나 소형 전구 등과 직렬로 연결하여 측정한다. 다만, 오른쪽 그림과 같이 3개의 소형 전구가 병렬로 연결되어 있을 경우 가장 아래쪽 소형 전구에 흐르는 전류를 알고 싶다면, 그 소형 전구에 직접 연결된 전선에 전류계를 연결해서 측정 한다.

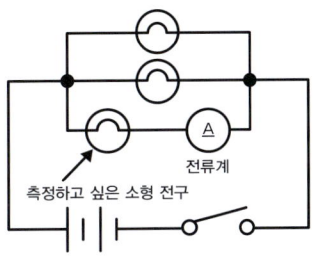

전류계(직류용)의 구조

전류계(직류용)

전류계는 자석과 코일을 사용하며, 코일에 흐르는 전류량에 비례한 자계로 바늘이 움직인다. 이 때문에 바늘이 반대로 움직이지 않도록 전류계의 (+)단자와 전지의 (+)극, 전류계의 (−)단자와 전지의 (−)극을 정확하게 연결해야 한다.

전류계는 50mA 또는 5A 등 측정하는 범위(range)가 있으므로 레인지가 너무 커서 작은 수치를 측정할 수 없거나 반대로 레인지가 너무 작아서 계기의 고장(전류가 너무 많이 흐른다)이 발생되지 않도록 적절한 레인지를 선택하여 측정해야 한다.

전압계(직류용)

건전지의 전압이나 소형 전구에 공급되는 전압을 측정하는 기구를 「전압계」라 한다. 회로도에서는 Ⓥ로 표시하며, 오른쪽 그림과 같이 측정할 부분에 병렬로 연결하여 사용한다.
연결 방법은 전압계의 (+)단자를 측정할 부분의 (+)쪽에 연결하고, (−)단자를 (−)쪽에 연결한다. 또 전압계도 전류계와 마찬가지로 측정 범위가 있어 레인지를 측정하는 전압에 맞도록 선택하여 측정한다.

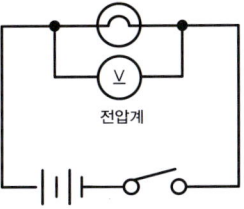

전압계(직류용)의 구조

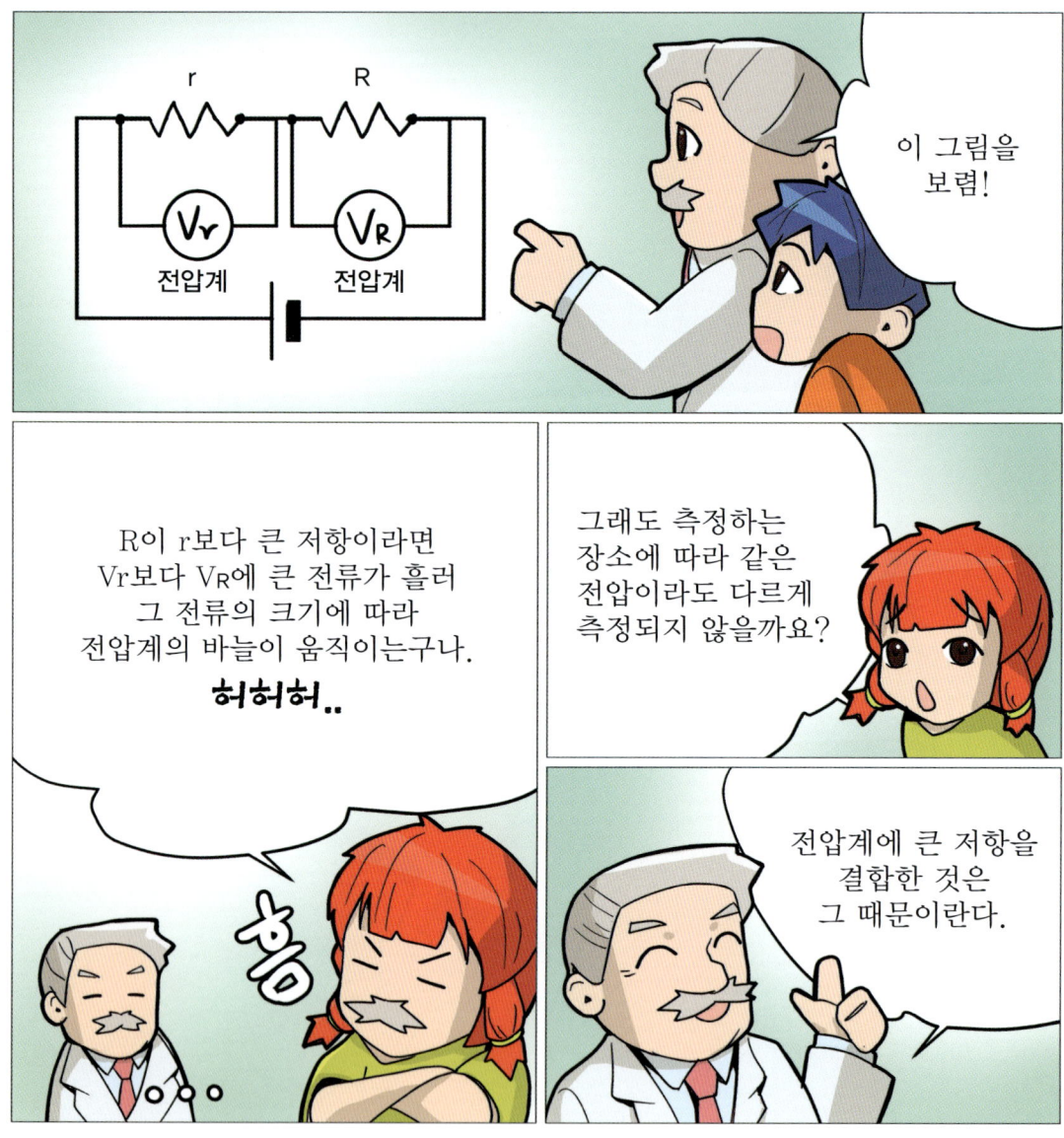

전압계도 전류계와 같이 자석과 코일을 사용하며, 코일에 흐르는 전류량에 비례한 자계에 의해 바늘이 움직인다. 전압계를 측정할 장소에 병렬로 연결하면 저항의 변화에 따라 코일의 전류가 비례하여 변하므로 측정하는 전압값에도 비례한다.

다만, 전압계를 연결함으로써 측정하는 회로의 저항으로 전류가 크게 변화된다면 전압의 측정도 어렵다. 그래서 전압계에 큰 저항을 결합하여 어떤 회로에 연결해도 같은 전압이라면 측정 장소의 전류값이 거의 변하지 않도록 한다.

도체의 길이, 굵기와 저항의 관계

같은 재질의 도체는 전류를 방해하는 장애물이 같은 비율로 균일하게 분포되어 있다. 도체의 길이를 2배로 하면 같은 장애물을 두 번 지나가는 것으로 저항은 2배가 되고 전압이 일정하면 전류는 1/2이 된다.
한편, 도체의 단면적을 2배로 하면 저항값이 같은 도선을 2개 사용한 것으로 전류는 2배가 된다. 이것은 단면적을 2배로 했을 때 저항값은 옴의 법칙에서 1/2이 되는 것을 알 수 있다.

온도에 따른 저항값의 변화

소형 전구의 필라멘트에 공급되는 전압과 흐르는 전류의 관계는 옴의 법칙이 성립되지 않는다. 이유는 필라멘트의 저항값이 온도 상승에 따라 변화하기 때문이다. 일반적인 금속의 도체는 온도가 1℃ 올라갈 때마다 저항값도 0.3~0.5% 올라간다.

전기는 도체 안의 여러 가지 장애물에 부딪치면서 이동한다고 설명했는데, 부딪치는 것이란 「원자」나 「자유 전자」이며, 온도가 올라가면 활동이 활발하게 되므로 전기가 부딪치는 횟수가 많아져 저항값이 올라간다.

직류와 교류

건전지를 접속하여 얻은 전류와 콘센트에서 얻는 전류는 그 성질이 다르지.

크기와 가는 방향이 항상 같지.

우리는 직류야

우리는 교류란다.

건전지의 전류와 가정의 콘센트 전류는 그 성질이 다르다. 건전지의 전압은 항상 크기가 같은 값이며, (+)극과 (−)극의 극성도 변하지 않지만, 가정의 콘센트 전압은 크기와 (+)극과 (−)극의 극성도 시간과 함께 변화하는 성질을 갖고 있다.

이 건전지와 같은 전류를 직류(DC)라고 하며, 가정의 콘센트 전류와 같이 끊임없이 변화하는 전류를 교류(AC)라고 한다. 회로도에서 교류 전원은 ⊙로 표기한다.

교류 파형(波形)

직류와 교류의 전류 파형을 비교하면 이렇단다.

교류는 일정한 주기로 0→(+)파형→0→(−)파형을 반복한다.

나는 직류~!

나는 교류~

(+)파형
(−)파형
0
1주기
(−)파형

이 주기가 1초간에 몇 번인지를 나타낸 것이 주파수라고 해.
윽! 어지러워.

직류와 교류의 전압 파형은 위의 그림과 같다. 직류 전압은 항상 일정한 값이지만, 교류는 시간과 함께 일정한 시간(주기=T초)에서 0→(+)파형→0→(−)파형→((−)파형→0→(+)파형→)을 반복하며, 이 파형을 정현 파형(사인 커브)이라고 한다.
1초에 이 주기가 몇 번인지를 나타낸 것이 주파수(f=1/T)이고, 주파수의 단위는 Hz(헤르츠)로 나타낸다. 또 (+)·(−)가 변화하지 않고 전압의 크기만 항상 변화하는 것을 「**맥류(脈流)**」라고 한다.

디지털 신호와 펄스 파형

디지털 신호

1 2 4 8
6

펄스 파형

직류 파형
교류 파형
펄스 파형
이것도 펄스 파형

이것은 무슨 그래프지?

이것은 전압이 있는지 없는지를 나타내는 **펄스 파형**과 펄스 파형을 사용한 신호이다.

뒤에서 설명할 트랜지스터와 다이오드를 사용하여 전기가 흐르면 전압이 0이고, 흐르지 않으면 항상 일정한 전압이 나오는 회로를 만들 수 있으며, 이러한 2가지 상태를 나타내는 파형을 「**펄스 파형**」이라 한다. 예를 들면 4개의 펄스 전압이 나올 때를 1, 2, 4, 8의 숫자로 나타내면 두 번째와 세 번째 만큼 전압이 나오면 6이라는 것을 알 수 있다. 즉, 전압의 유무로 나타내는 신호를 「**디지털 신호**」라고 한다.

브라운관 오실로스코프

교류 파형을 보기 위해 많이 사용하는 브라운관 오실로스코프이다. 브라운관의 음극에서 나온 전자는 형광판에 **휘점**을 그리며, 측정하려는 전압을 수직 방향의 **편향판**(전자의 방향을 바꾼다)에 의해 가하여 휘점을 상하로 이동시킨다.
그리고 수평 방향의 편향판에 일정한 주기로 변화하는 전압을 가하면 시간에 따른 측정 전압의 변화, 즉 파형을 나타낸다.

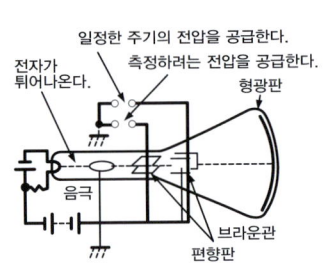

04

전압과 전류의 한계값을 아는 방법으로
회로의 계산은 어떻게 하는가?

회로 계산

전압의 총계

건전지가 1개일 때보다 2개를 직렬로 연결한 경우, 소형 전구가 밝다는 것은 건전지가 2개일 경우가 더 높은 전압을 공급하여 큰 전류가 흐르기 때문이다.
그리고 직렬로 연결한 경우, 전압의 변화는 건전지가 2개인 경우 3V, 3개인 경우 4.5V, 4개인 경우는 6V로 덧셈이 된다. 한편, 병렬로 연결한 경우는 여러 개를 연결하여도 1.5V로 변화하지 않지만, 건전지의 수명은 그만큼 길어진다.

전류의 총계

모든 저항을 병렬로 연결한 회로에 전류가 흐르면 전류의 크기는 각각의 저항이 아니라 모든 저항의 합계에 따라(반비례하여) 결정되므로 회로의 어느 부분에도 같은 크기의 전류가 흐른다.
또 회로가 도중에 여러 개로 갈라져도 그 후에 1개로 합치면 전류 값은 다시 같아진다. 즉, 회로가 도중에 3개로 갈라졌다면 갈라진 3개 각각의 회로에 흐르는 전류의 합계는 그 후 1개로 합친 회로의 전류값과 같다.

전압을 인가하는 방법

건전지 2개를 직렬로 연결하여 3V의 전압을 소형 전구 3개를 직렬로 연결한 회로에 인가해 보면 전압은 어떻게 되어 있을까? 시험 삼아 하나의 소형 전구 양 끝에 전압계를 연결하니「1V」가 나타났다.
소형 전구는 회로의 저항이라고 할 수 있으며, 그 3개의 저항값 R이 같으면(전류 I의 크기도 같다), 소형 전구에 인가되어 있는 전압은 옴의 법칙(I×R)에서 모두 같다.
즉 3V 전체의 1/3이므로「1V」가 된다.

저항의 직렬 연결과 합성 저항값

위의 그림과 같이 2개의 저항(R_1과 R_2)을 직렬로 접속하면 전류의 크기는 어느 부분에서도 같으므로, 2개를 합한 저항값(합성 저항값)을 R이라고 한다면
E = I × R = I × R_1 + I × R_2라는 식이 성립된다. 이 식의 전체를 전류값 I로 나누면

$$\frac{E}{I} = R = R_1 + R_2$$

로 R_1과 R_2를 더한 것이 합성 저항 R이 된다. 저항의 수가 몇 개가 되어도 모두 직렬로 접속되어 있는 한 합성 저항값은 각각의 저항값을 더한 것이 된다.

저항의 병렬 연결과 합성 저항값

이것은 저항을 병렬로 연결한 그림이란다. 병렬로 연결한 경우의 합성 저항값을 구하는 방법을 생각해 보자.

꽤 어려워 지는데…

으으.. 그렇군…

하하, 조금도 어려울 게 없어

여기서는 그림과 같이 2개의 저항(R_1과 R_2)을 병렬로 연결한 경우의 합성 저항 R을 구해보자. 각각의 저항에 흐르는 전류값을 I_1, I_2로 하면, 갈라진 회로에서 전류의 합은 1개의 전류값(I)과 같으므로

$\dfrac{E}{R} = \dfrac{E}{R_1} + \dfrac{E}{R_2}$ 의 식이 성립한다. 여기서 이 식의 전체를 전압 E로 나누면,

$\dfrac{I}{R} = \dfrac{I}{R_1} + \dfrac{I}{R_2}$ 이 되거나, $R = \dfrac{1}{\dfrac{I}{R_1} + \dfrac{I}{R_2}}$ 이 된다.

즉, R_1과 R_2가 모두 2Ω이라면, 합성 저항값 R은 그 절반인 1Ω로 된다.

저항의 직렬, 병렬 혼합 연결과 합성 저항값

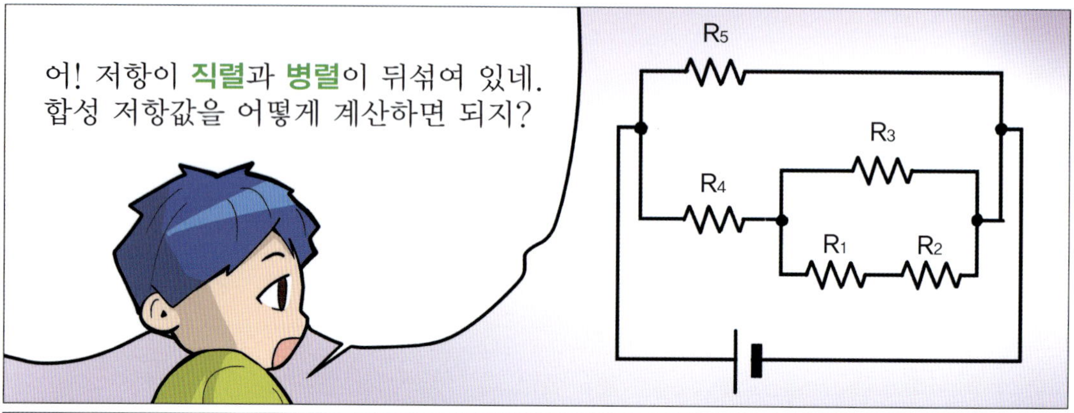

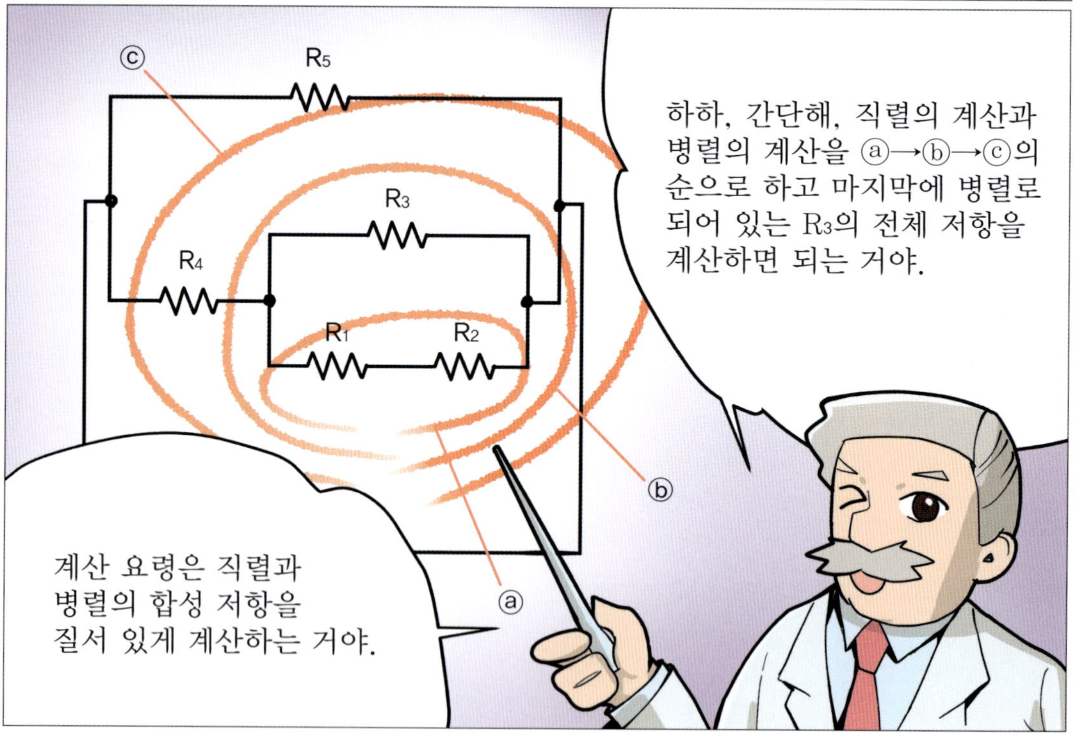

어! 저항이 **직렬**과 **병렬**이 뒤섞여 있네. 합성 저항값을 어떻게 계산하면 되지?

하하, 간단해. 직렬의 계산과 병렬의 계산을 ⓐ→ⓑ→ⓒ의 순으로 하고 마지막에 병렬로 되어 있는 R₅의 전체 저항을 계산하면 되는 거야.

계산 요령은 직렬과 병렬의 합성 저항을 질서 있게 계산하는 거야.

직렬과 병렬 연결이 아무리 복잡해도 계산하는 방법은 2가지 방식밖에 없으므로 직렬과 병렬의 합성 저항을 질서 있게 계산하는 것이 포인트다. 예를 들면, 그림의 회로에서는 먼저 A범위의 직렬 저항값을 계산한 다음 B의 병렬 저항값을 계산한다.
그리고 C범위의 직렬 저항값을 계산하고 끝으로 병렬로 되어 있는 R₅의 전체 저항값을 계산하면 된다. 즉, $R_1=10Ω$, $R_2=20Ω$, $R_3=30Ω$, $R_4=35Ω$, $R_5=50Ω$이라면 합성 저항 R은 25Ω이다. 한번 스스로 확인해 보자.

합성 저항 안의 미지 저항

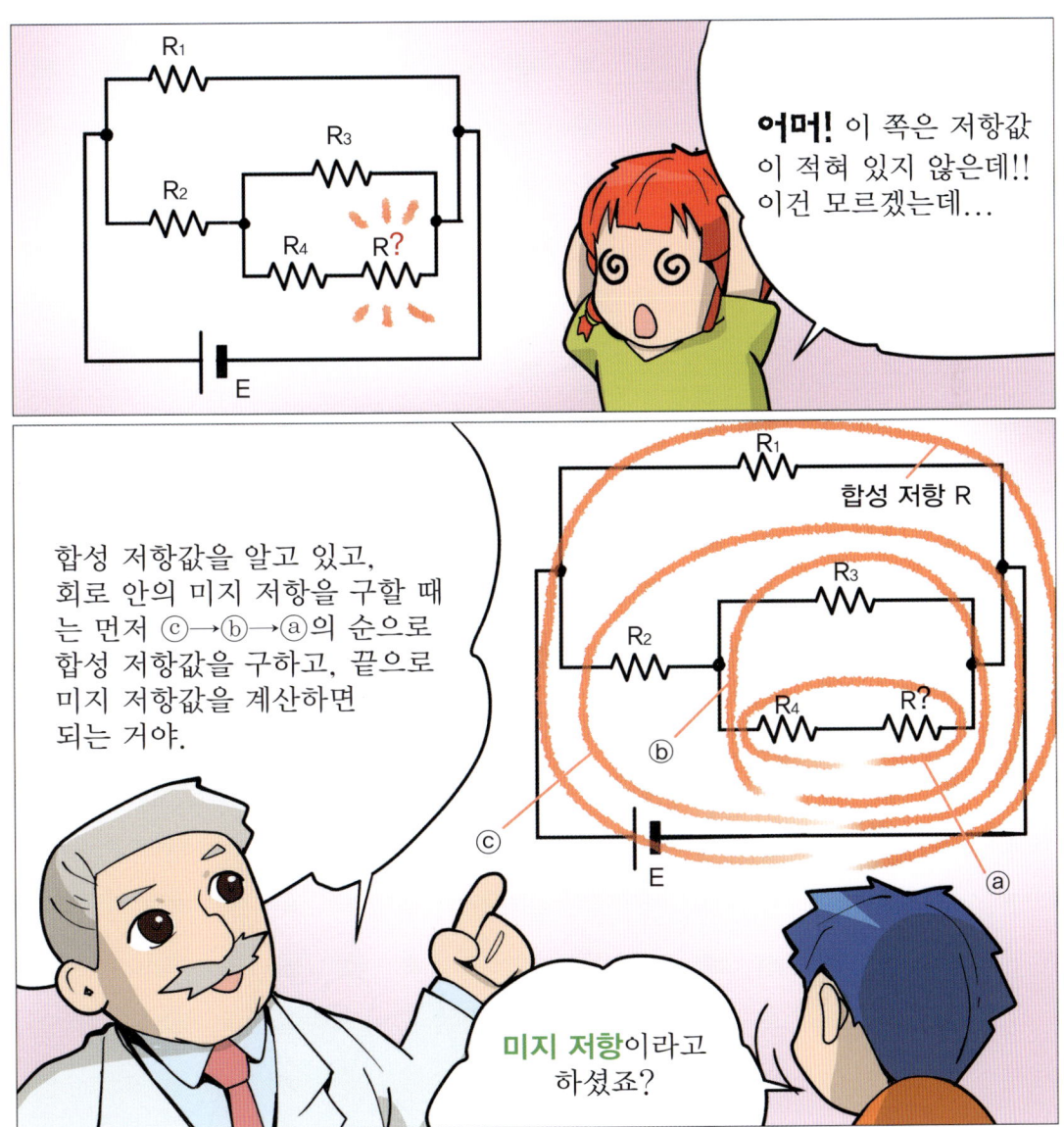

합성 저항값은 알고 있고 회로 안의 미지 저항을 알고 싶을 경우, 이번에는 전체의 저항값에서 거슬러 올라가 C 범위의 합성 저항값을 먼저 계산한다. 그리고 B 범위의 합성 저항값을 계산하고, 다음에 A의 합성 저항값을 계산한 후 끝으로 원하는 미지의 저항값을 계산하면 된다.
예를 들면, 위의 회로(R_1=20Ω, R_2=80Ω, R_3=60Ω, R_4=40Ω)에서 합성 저항값이 55Ω이라면 원하는 미지 저항 R은 20Ω이 된다.

내부 저항

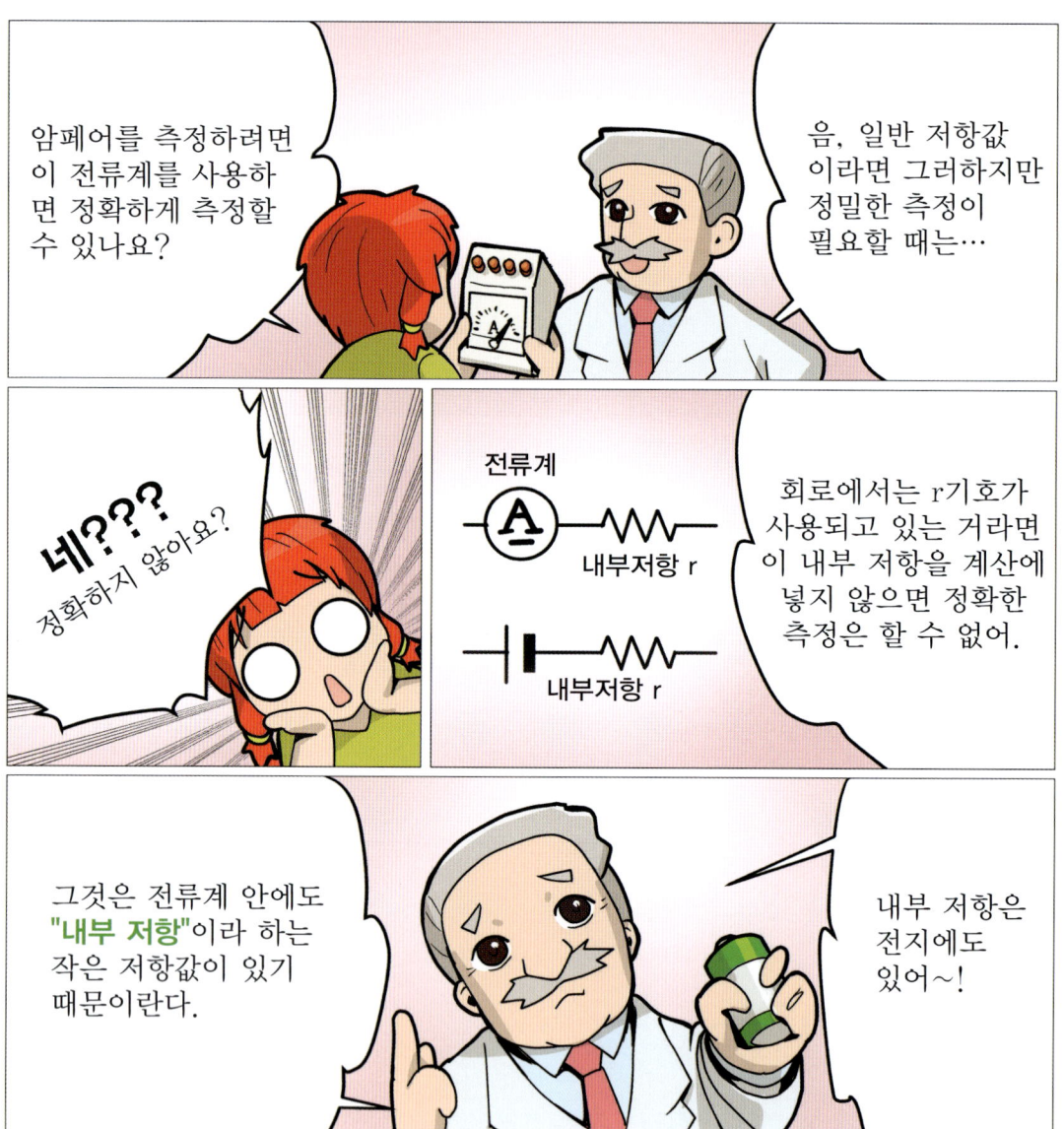

전류계는 그 전류계를 연결하기 전의 상태인 전류값을 구하려는 것이며, 저항값이 있으면 합성 저항값이 늘어나 전류값도 변화된다. 그래서 저항값이 0의 전류계를 이상(理想)으로 하지만 현실은 그렇지 않다.

전류계는 일반적인 측정에서는 저항값을 0으로 생각하고 있다. 그러나 모든 전류계는 작은 「**내부 저항**」값(회로에서는 r의 기호가 사용됨)이 있으므로 정밀한 측정을 할 경우에는 이 내부 저항을 계산에 넣어야 한다. 또 전지에도 내부 저항이 있다.

내부 저항을 구하는 방법

전지와 저항뿐인 간단한 회로에서 전지의 내부 저항을 생각해 보자. 여기서는 계산을 쉽게 하도록 전류계의 내부 저항은 0으로 한다. 여기서 발생하고 있는 이상적인 전압(기전압(起電壓))을 E, 저항의 양끝에 인가된 전압을 V, 실제 흐른 전류를 Ir이라 하면 전지의 내부 저항 $r = \dfrac{E-V}{Ir}$ 가 된다.

또, 내부 저항이 0인 경우의 이상(理想) 전류가 I이고, 내부 저항이 있을 때의 전류가 Ir이라고 한다면, I×R=Ir×(R+r) 이고, 내부 저항 $r = R \times \dfrac{I-Ir}{Ir}$ 로 된다.

키르히호프의 제1법칙

「전류의 총계」항에서 설명한 내용을 좀 더 폭넓게 해석하면 「임의의 교차점에 출입하는 전류값의 합계는 항상 0」이라는 「**키르히호프의 제1법칙**」으로 이어진다. 간단히 말하면 A점에 들어가는 전류 I_1과 I_2의 합은 A점에서 나가는 전류 I_3와 I_4의 합과 같다. 또한 (+)나 (−)로 전류가 흐르는 방향을 구별하면(들어가는 전류를 (+)로 하면 나가는 전류는 (−)), A점에 들어가는 모든 전류값의 합은 항상 0이라고 한다. $I_1+I_2+I_3+I_4=0$의 식도 이해할 수 있을 것이다.

키르히호프의 제2법칙

제 1법칙이 있으면 당연히 제 2법칙이 궁금해질 것이다. 조금 어렵지만 흥미를 가진 독자들을 위해 여기서 소개하기로 한다.

위 회로의 경우, 키르히호프의 제 1법칙에서 $I_1+I_2=I_3$이 된다. 여기에 1개의 폐회로 안에 있는 전압의 총계는 그 폐회로 안의 전류×저항의 합과 같다는 관계가 성립된다. 즉, abcd의 회로에서는 $R_1I_1+R_2I_2=E_1+E_2$, abef의 회로에서는 $R_1I_1+R_3I_3=E_1$이다. 이 각 폐회로에서 전압의 관계를 「**키르히호프의 제 2법칙**」이라고 한다.

등가(等價) 회로

"저항의 직렬, 병렬 혼합 접속과 합성 저항값"의 항목을 기억하고 있니?

네! 기억하고 있어요!

직렬과 병렬이 뒤섞여 있어 뭔지 모르겠는데..

하하, 부분적으로 합성 저항값을 계산한 다음에 전체의 저항값을 구하는 거야

실은 아무리 복잡한 회로라도 **등가 회로**를 사용하여 간단히 나타낼 수 있다.

더 빨리 가르쳐 주었으면 좋았을 텐데...

「저항의 직렬, 병렬 혼합 연결과 합성 저항값」의 항에서는 부분적으로 합성 저항을 계산하여 전체의 저항값을 구했는데, 같은 저항값이면서 전류의 흐름을 더 간단한 회로로 대체한 것을 「**등가(等價)회로**」라고 한다. 아무리 복잡한 회로라도 전압과 전류 및 저항의 3요소로 구성되어 있으며, 오른쪽 그림과 같은 기본 회로로 대체하여 나타낼 수 있다.

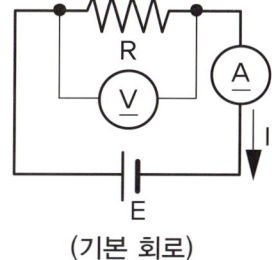

(기본 회로)

휘트스톤 브리지

휘트스톤 브리지 회로란 알 수 없는 저항값 R_x를 알아볼 때 사용하는 회로이다. 보통은 각각의 저항값이 다르기 때문에 A점과 B점에는 전위차가 있어 A나 B의 어느 한 방향으로 전류가 흐른다. 그런데 R_3의 미끄럼 저항기를 움직이면 검류계(갈바노미터라고도 한다. 회로에서는 ⓖ로 표시한다)의 바늘이 흔들리지 않는 즉, AB 사이에 전류가 흐르지 않는 곳이 발견된다. 이 상태의 3개 저항값의 비율에서 미지의 저항 R_x의 값을 알 수 있다.

휘트스톤 브리지에 의한 미지 저항의 계산

AB점 사이에 전류가 흐르지 않는다는 것은 AB 사이를 절단한 것과 같다. 그래서 R_1, R_3쪽에 흐르는 전류를 I_1로 하고 R_2, R_x쪽의 전류를 I_2로 하면 $I_1 \times R_3 = I_2 \times R_x$ 및 $I_1 \times R_2 = I_2 \times R_x$가 되며, 이 두 식을 모두 $\frac{I_1}{I_2}$로 고치면, $\frac{I_1}{I_2} = \frac{R_2}{R_1} = \frac{R_x}{R_3}$ 의 관계가 나타난다. 이것을 다시 정리하면 $R_2 \times R_3 = R_1 \times R_x$의 식으로 유도되며, 이 3개의 저항값을 알면 미지의 저항 R_x를 간단히 구할 수 있다.

05

전기의 에너지 원리와
역할은 어떤 것인가?

전기 에너지

전류에 의한 발열 작용

겨울에는 전기 난로에 매달리는 사람도 있고, 토스터기에 구워진 빵이 평소의 아침 식사인 사람도 있다. 또 그 중에는 어머니를 도와 전열기로 물을 끓이거나 음식을 끓인 경험이 있는 사람도 있다. 사실 실제로 이 모든 전기제품은 공통점이 있다. 그것은 전기가 흐름에 따라 발생하는 열을 잘 이용하고 있다는 점이다.

전류의 발열 원리

전류란 「온도에 따른 저항값의 변화」항에서 설명한 바와 같이 전기(실은 자유전자)가 금속 안을 여러 가지(다른 자유전자와 원자)에 부딪치면서 나아가는 상태를 말한다.
이때 전기에 부딪힌 원자(물체의 가장 작은 단위)가 심하게 진동하여 열을 발생한다. 이 진동 횟수가 많고 클수록 발열량은 커진다. 저항률(단위 체적에 대한 저항값)이 작을수록, 그리고 전류값이 작을수록 이 진동이 적기 때문에 발열도 적다.

발열량의 측정

1g의 물의 온도를 1℃ 올리는데 필요한 열에너지를 1cal(칼로리)라고 한다. 그래서 물속에 넣은 니크롬선에 전류가 흐를 때 거기에 발생하는 열량을 구하기 위해서는 물의 온도가 올라간 양과 물의 중량을 곱하면 된다.

예를 들면, 100g(4℃의 물 100cc)의 물이 14℃로 올라갔다면 여기에서 구하는 발열량 Q_x는 $Q_x = 10 \times 100$이 되며, 1kcal 라는 것을 알 수 있다.

줄의 법칙

전압과 전류, 또 전류가 흐르는 시간 등을 여러 가지로 바꾸어 실험하면, 전류에 의한 발열량은 ①전류가 흐른 시간에 비례하고, ②전압과 전류가 일정하면 저항값에 비례하고, ③저항 값이 일정하면 전류의 제곱에 비례한다. 이러한 비례 관계는 줄이 시행한 정확한 실험 결과에서 다음과 같은 식으로 정리되었다.

$Q = 0.24 \times I^2 \times R \times t$ 즉 1Ω의 저항에 1A의 전류가 1초간 흐르면 0.24cal의 발열이 있다.

※ 줄(James Prescott Joule): 1818년생, 영국의 물리학자

저항의 연결 방법과 발열량의 크기

저항의 연결 방법에 따라 발열량은 어떻게 될까? 먼저 직렬 연결한 경우(그림 A)를 알아보자. 1초간 R_1의 발열량 Q_1과 R_2의 발열량 Q_2를 비교하면 줄의 법칙에서, $Q_1=0.24×1^2×30×1=7.2$ / $Q_2=0.24×1^2×60×1=14.4$가 된다.
즉 저항값이 큰 것이 발열량도 크다는 것을 알 수 있다.
그런데 병렬 연결했을 때(그림 B) 1초간의 발열량 Q_1, Q_2를 구하면 $Q_1=0.24×3^2×30×1=64.8$ / $Q_2=0.24×1.5^2×60×1=32.4$가 되어 저항값이 작을수록 발열량이 커진다.

전력

줄의 법칙($Q=0.24\times I^2\times R\times t$)에 옴의 법칙($E=R\times I$)를 적용하면 $\frac{Q}{0.24}\times I\times E\times t$가 되고, 또 이식은 $\frac{Q}{0.24}$를 전기의 일량 W(단위는 줄(J))로 대입하면 $W=I\times E\times t$가 된다.

T를 초로 하여, $\frac{Q}{0.24}$를 전기의 일량 W(단위는 줄(J))로 대치하면, $W=I\times E\times T$로 된다.

이 $I\times E$ 즉 전기의 일률을 전력(P)이라 하고, 단위는 와트(W)로 나타낸다.

또 1cal는 약 4.2J의 일량에 해당하는 것을 기억해 두면 편리하다.

전력량

「전력량」이란 「전력」의 항에서 설명한 와트(W)를 말하며, 전력(전기의 일률)×시간으로 나타내고, 시간은 일반적으로「초」로 계산하도록 되어 있다.
그러나 가정에서의 소비 전력량과 같이 몇 천초가 되는 큰 것은 초로는 계산이 어렵기 때문에 "시간"을 사용한다. 예를 들면 220V용 100W의 전구를 3시간 점등하면 100×3으로 사용 전력량 300Wh로 표현한다.

적산 전력계(교류용)

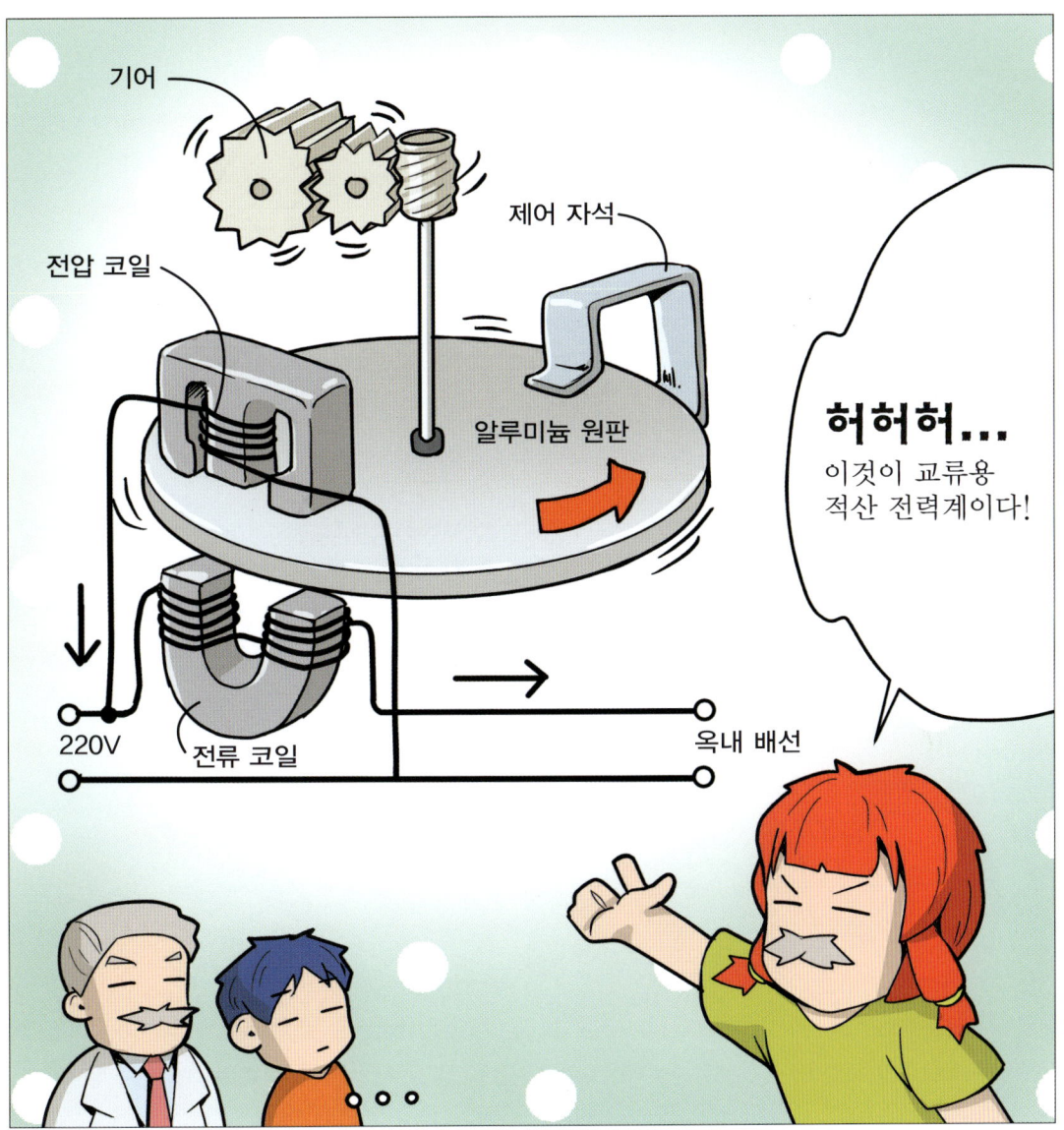

그림과 같이 전압 코일과 전류 코일 사이에 알루미늄 원판을 넣으면, 알루미늄 원판에 대해 2개 코일의 합성력이 화살표 방향으로(전류 코일의 전류 크기에 비례해서) 작용하여 원판이 돌게 된다. 이 회전량을 기어를 통해 숫자로 바꿔놓아 전력량을 알려고 하는 것이 「**적산 전력계**」이다.
또, 이 계기로 측정한 전력량에 따라 우리는 전기 요금을 지불한다.

전력과 발열량

220V용 100W와 220V용 60W의 전구에 같은 전압을 인가하면 당연히 100W쪽이 큰 열을 발생한다. 그러나 100W의 전구에 60V를 인가하고, 60W의 전구에 220V의 전압을 인가하면 어떻게 될까. 이것을 풀기 위해 먼저 양측의 저항값을 $P = \dfrac{E^2}{R}$ 에서 구하면 100W의 전구는 484Ω이고, 60W의 전구는 약 807Ω이 된다. 이 저항값에 각각 지정한 전압을 인가하면 그 발열량(cal)은 $Q_{100} = \dfrac{0.24 \times 60^2}{100} = 8.64$ $Q_{60} = \dfrac{0.24 \times 220^2}{807} = 14.39$ cal가 되어 60W의 전구가 발열량이 크고 밝게 점등하는 것을 알 수 있다.

퓨즈

가는 전기 코드에 너무 큰 전류가 흐르면 열이 발생하여 비닐 등의 피복재가 타는 경우가 있다. 그래서 각 코드에는 어느 정도까지 전류가 흘러도 된다는 「허용 전류」가 정해져 있다.
그리고 그 코드를 사용한 회로에는 그 이상의 전류가 흐르지 않도록 일정한 온도 이상이 되면 끊어져 전류가 흐르지 못하게 하는 「퓨즈」를 사용한다. 퓨즈의 재료에는 납이나 주석 및 그 합금 등 녹는 온도가 낮은 금속을 사용한다.

소비 전력의 총계

브레이커(퓨즈를 사용하지 않은 배선용 차단기)가 내려가 전기를 사용할 수 없게 되는 경우가 있다. 이것은 전류가 너무 많이 흘러 퓨즈가 끊어진 것과 같다. 그러면 위의 그림과 같이 많은 전기 제품을 동시에 사용한다면, 30A의 허용 전류에서 과연 브레이커가 내려가는가?
우선 각 전기 제품에 흘러 소비되는 전류값을 계산하면 TV 2A, 냉장고 3A, 에어컨 10A, 전기밥솥 3A, 전자레인지 12A라고 한다면 합계 30A이다. 이것에 조명 기구 등의 몇 암페어를 고려하면, 규격의 초과로 브레이커는 내려가게 된다.

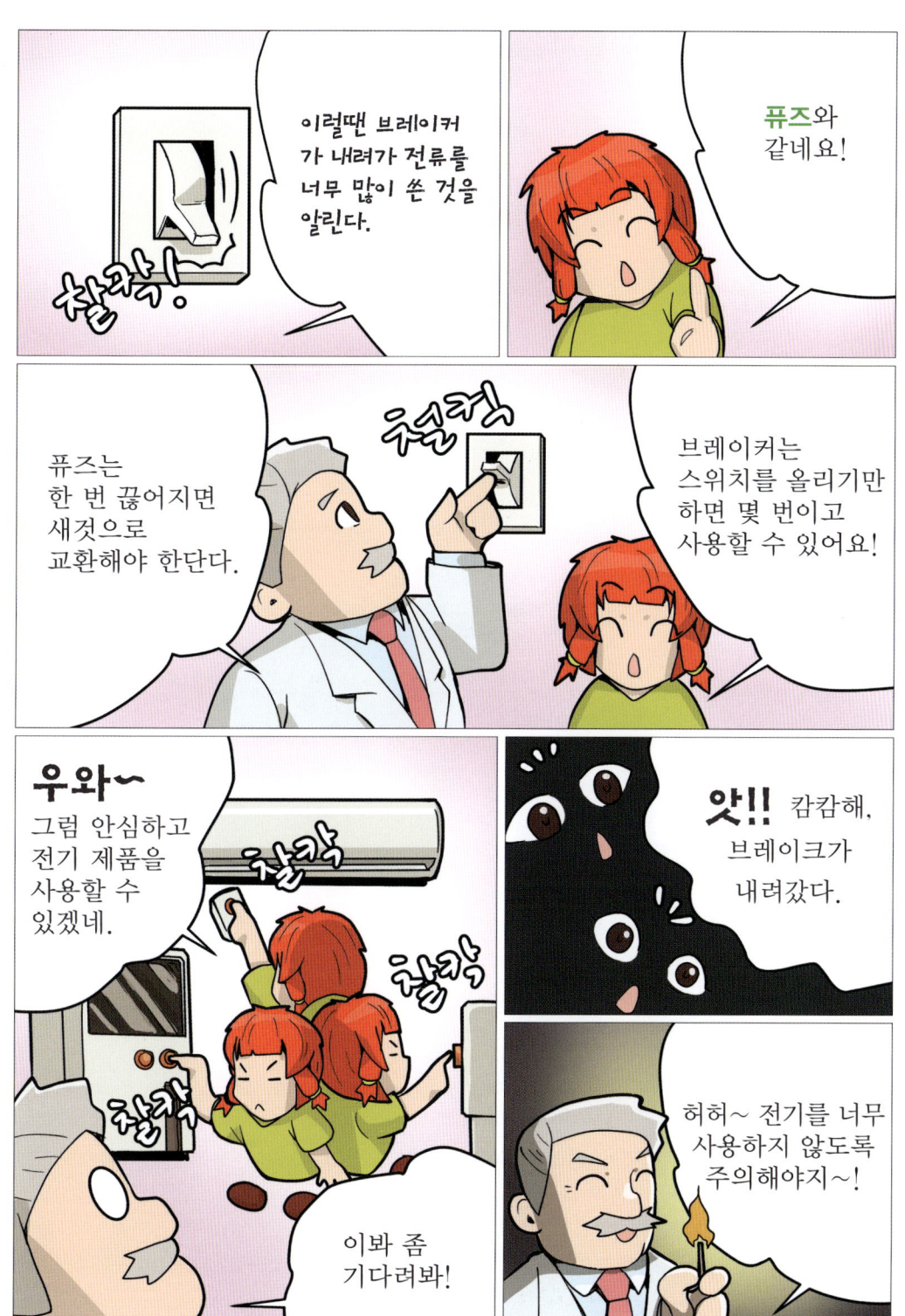

전기 에너지의 변환

지금까지 설명한 바와 같이 전기는 여러 가지로 이용되고 있다. 그러나 그 역할을 직접하고 있는 것은 대부분 전기에너지에서 변환된 다른 에너지이다.
예를 들면, 전구에서 전기에너지는 빛의 에너지로 변환되고, 전기스토브나 토스터에서는 열에너지로 변환되었다. 또 뒤에 설명하는 모터에서는 운동에너지로 변환되어 그 힘을 발휘하고 있다.

초전도(超電導)

전기는 여러 가지 것으로 변환할 수 있지만, 그 반면에 필요하지 않은 열로 변환되는 경우가 있는데 이 열의 발생 원인은 저항이다. 즉, 저항값이 0이라면 아무리 큰 전류가 흘러도 열이 발생하지 않아 전기에너지를 헛되게 사용하지 않는다.

이 때문에 어느 온도 이하에서 저항값이 0이 되는 「초전도(超電導) 물질」은 발열이 없는 전자 부품이나 매우 강력한 전자석(리니어 모터 카 등에 사용됨)을 만들 수 있다. 다만, 아직은 −100℃ 정도가 아니면 그 성질을 발휘할 수 없으므로 액체 질소 등을 사용하고 있다.

06

자석과 전자석은 어떤 것이며, 쓰임새는 어디인가?

자석과 전자석

자석과 자극(磁極)

자석은 「자기(磁器) 유도」에 따라 쇳가루나 쇠못을 끌어당기는 힘을 가지며, 실험하면 바로 알 수 있다. **자력(磁力)**으로 끌어당길 수 있는 것은 금속 중 철, 코발트, 니켈 등이며, 구리, 아연, 납, 주석 등 금속이나 비금속은 끌어당길 수 없다.

또 「**자력**」 또는 「**자기력(磁氣力)**」이라 불리는 끌어당기는 힘이 발생하는 것은 자석의 양 끝에 있는 2개의 「**자극(磁極)**」이다. 또 자석은 「**전자석**」과 구별하는 의미에서 「**영구 자석**」이라 부르기도 한다.

N극과 S극

「막대자석」 또는 「말굽자석」의 한가운데를 실로 매달아 자유롭게 흔들 수 있게 하면, 반드시 정해진 한쪽이 북쪽으로 향하고 다른 한쪽이 남쪽으로 향한다. 북쪽으로 향하는 자극을 「N극」 또는 「양극」이라 하며, 남쪽으로 향하는 자극을 「S극」 또는 「음극」이라 한다.
자극은 전기의 (+), (−)와 같은 성질을 갖고 있다. 즉 같은 극끼리 접근하면 서로 반발하고, 다른 극끼리는 서로 끌어당긴다.

자력(磁力)의 크기

자석의 자력은 자극의 접촉면이 가장 강하고, 철편을 자석(자극)에서 조금씩 멀리하면 자력의 영향이 급속히 약해진다. 마침내 철편은 자력의 영향을 거의 받지 않게 되는데, 그 이유는 자력의 세기는 자극까지 거리의 제곱에 반비례하기 때문이다.

예를 들면 철편과 자석과의 거리가 3cm일 때는 1cm인 경우와 비하면 1/9로 작아진다. 그리고 자력이 영향을 미치는 범위, 즉 자석이 철편을 끌어당길 수 있는 범위를 「**자계(磁界)**」또는 「**자장(磁樓)**」이라 한다.

자기(磁氣) 유도

앗! 자석에 붙은 못이 잇따라 붙네

이것은 자석으로 쇠못이 자석과 같은 성질을 갖기 때문이며, 이것을 **자기유도**라 한단다.

쇠못을 자석에 가까이 하면 쇠못은 자석의 영향으로 자극이 반대로 되며, 자석과 같은 성질을 갖게 되어 자석과 쇠못은 서로 끌어당겨 붙는다.
또 자력이 강한 자석을 사용하면 자력에 의해 쇠못을 연속해서 자화(磁化)시킬 수 있어서 여러 개를 연결할 수 있다. 마치 (+)전기를 가까이 하면 (−)전기가 발생하고, (−)전기를 가까이 하면 (+)전기가 발생하는 「**정전(靜電) 유도**」 현상이 일어난다. 그러나 정전기가 아닌 자기를 유도하므로 이 현상을 「**자기 유도**」라고 한다.

N극과 S극의 분리

막대자석을 정확히 한가운데에서 2개로 자르면 과연 "N극 자석"이나 "S극 자석"과 같은 것이 될까? 답은 **"노"**이다.
자석은 항상 양 끝에 N극과 S극이 한 쌍으로 존재하게 되어 있으므로 절단한 쪽에는 절단하지 않은 쪽의 자극과 반대의 자극이 발생한다. 즉 몇 번을 잘라도 마찬가지이며, 아무리 크거나 작아도 자석의 성질은 모두 똑같다. 물론 말굽 자석에서도 같은 성질을 나타낸다.

자력선(磁力線)

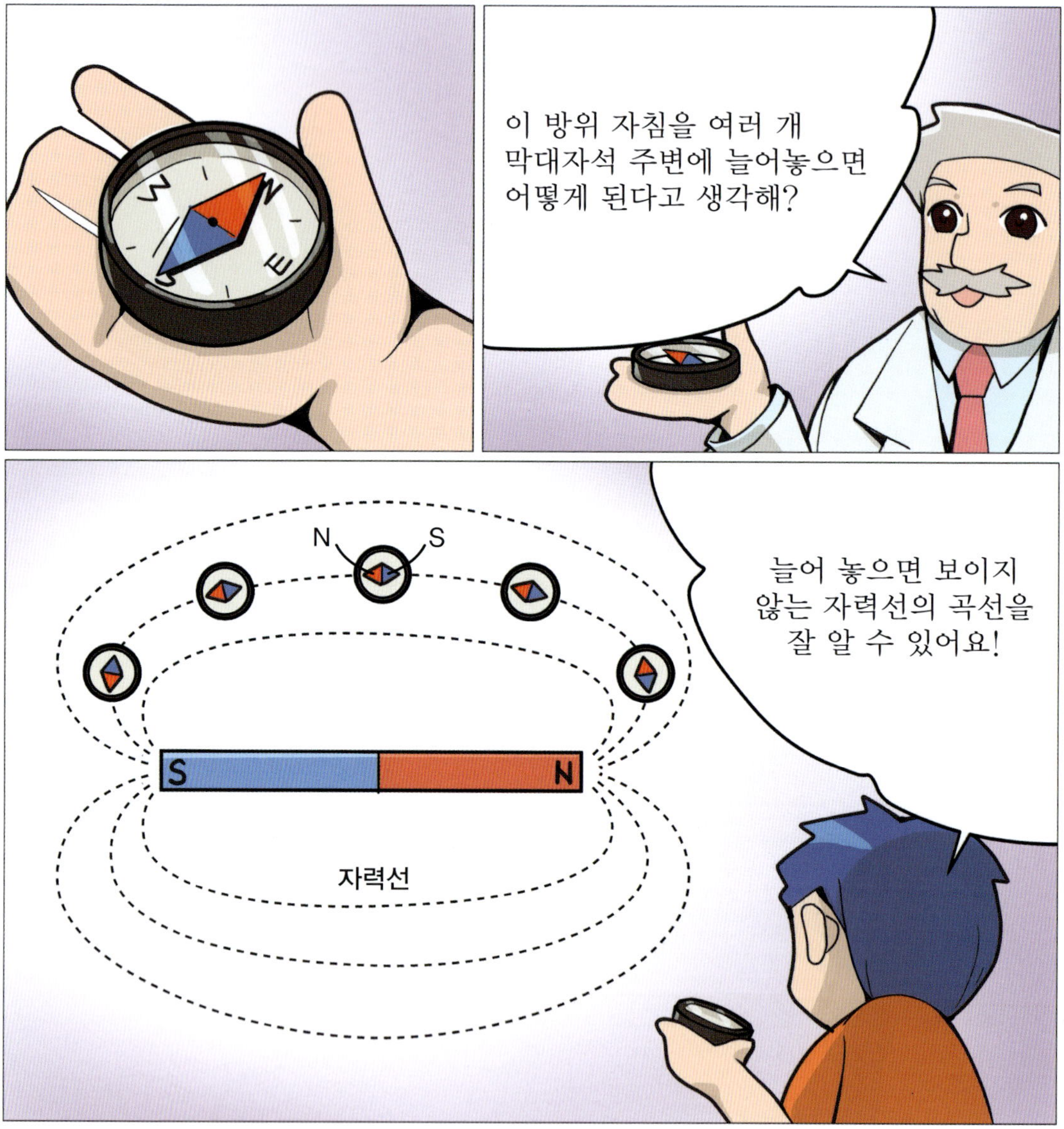

이 방위 자침을 여러 개 막대자석 주변에 늘어놓으면 어떻게 된다고 생각해?

늘어 놓으면 보이지 않는 자력선의 곡선을 잘 알 수 있어요!

자력선

자화(磁化)시켜 두 극을 뾰족하게 하고 또 방향이 동서남북으로 자유롭게 움직이도록 한 「**방위 자침(方位磁針)**」을 그림과 같이 막대자석의 주위에 늘어놓는다.
그러면 방위 자침의 N극은 항상 막대자석의 S극 방향으로 향하여 N극에서 S극을 향해 막대자석을 감싸는 모양의 곡선을 그린다. 이 곡선을 「**자력선**」이라 하며, 자력(磁力)이 작용하는 방향을 나타낸다. 여기에 쇳가루를 뿌려 놓으면 자력선이 양쪽의 극에서 방사상(放射狀)으로 나가는 모습을 뚜렷이 볼 수 있다.

지자기(地磁氣)

「N극과 S극」의 항목에서 설명한 자석은 「자력선」 항목의 방위 자침과 같은 역할을 한다.
그러면 「자력선」에 항목에 등장한 자석과 같은 역할을 하는 것은 도대체 무엇일까?
실은 "**지구**"이다. 즉, 지구 전체가 자석의 성질을 갖고 있어 지구상의 자화(磁化)가 되는 것들 모두가 이 지구의 자기 즉, 「**지자기(地磁氣)**」의 영향을 받는다.

전류에 영향을 미치는 방위 자침의 방향

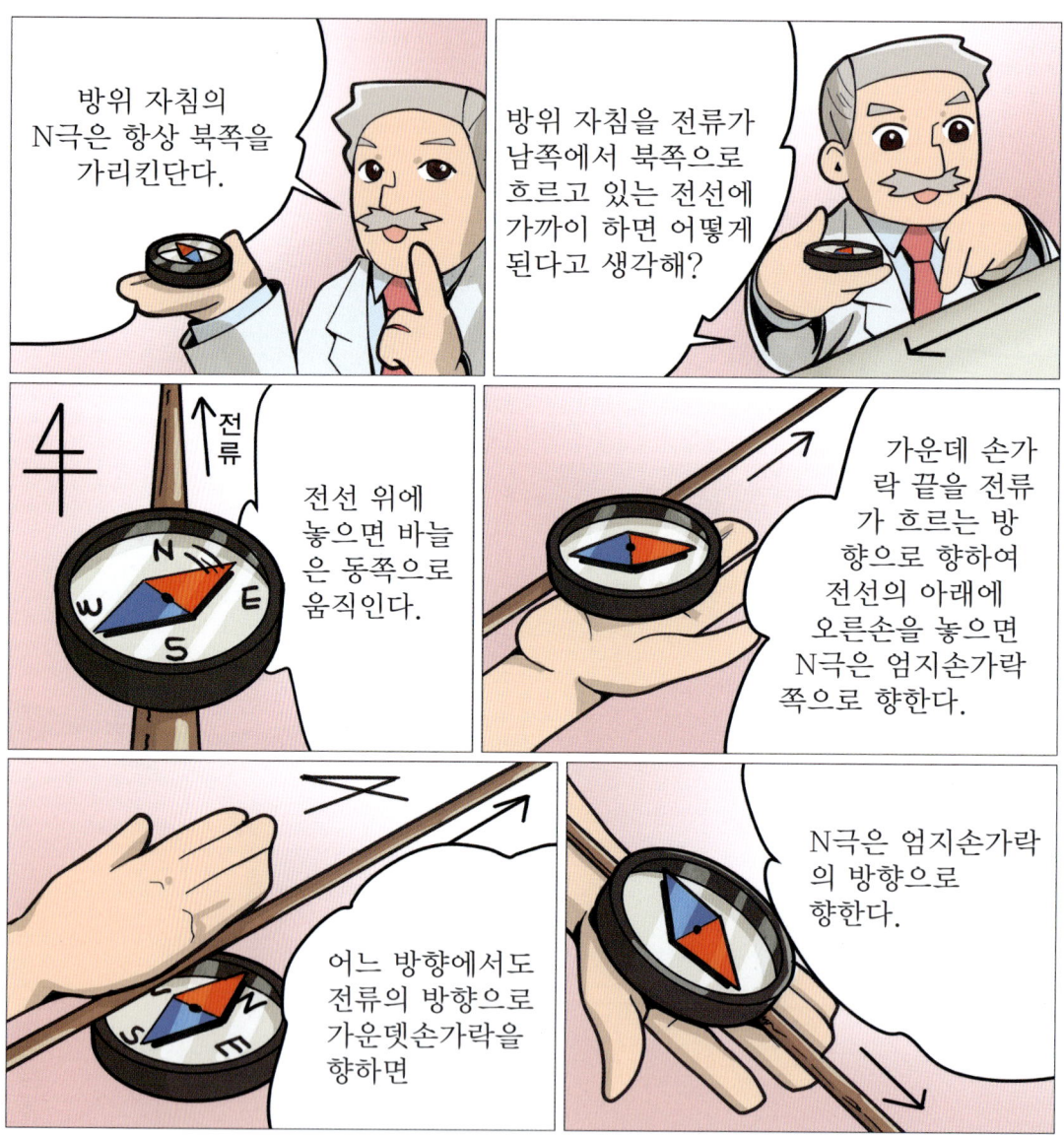

방위 자침의 N극은 일반적으로 북쪽을 가리키지만, 전류가 흐르는 전선을 가까이 하면 전류에서 힘을 받아 가리키는 방향이 바뀐다. 예를 들면, 전류가 남쪽에서 북쪽으로 흐르는 전선 위에 방위 자침을 놓을 경우 N극은 동쪽으로 움직이고, 반대로 방위 자침을 전선 아래에 놓거나 전류 방향이 남쪽일 경우 서쪽으로 움직인다.

즉, 위의 그림과 같이 전선을 사이에 두고 방위 자침과 반대쪽에 오른손 손바닥을 펴고 4개의 손가락을 전류 방향으로 향했을 때, N극이 움직이는 방향은 항상 엄지손가락 방향이다.

전선과 직각으로 놓은 경우 방위 자침의 움직임

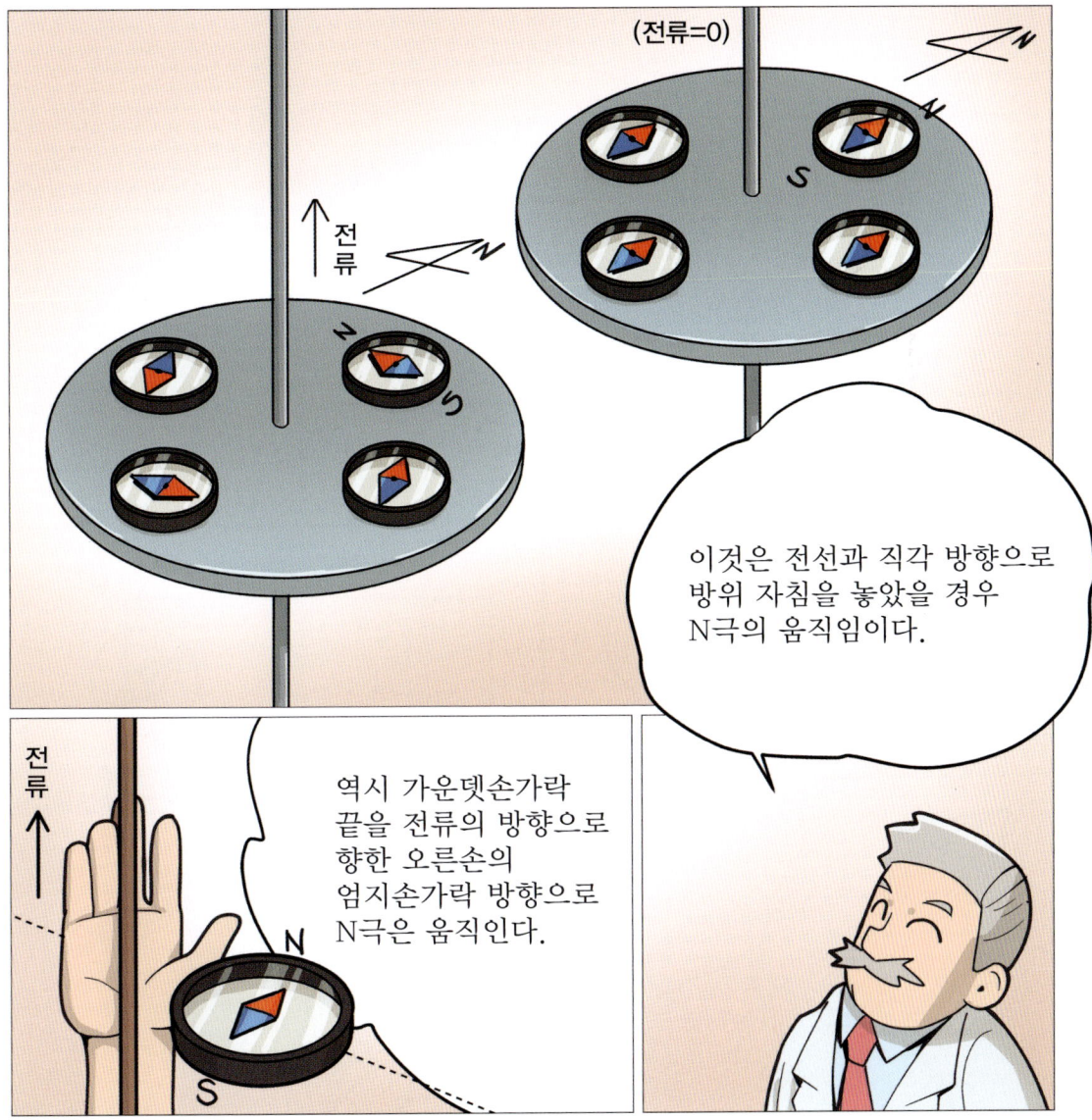

전선에 위 그림과 같이 직각 방향으로 놓은 방위 자침은 전선에 흐르는 전류에 의해 어떤 움직임을 나타낼까? 전선을 사이에 두고 방위 자침과 반대쪽에 오른 손바닥을 펴고, 4개의 손가락을 전류 방향에 맞추면 엄지손가락의 방향으로 자침이 움직인다.
예를 들면, 북쪽을 가리키는 방위 자침의 N극 바로 앞 아래에서 위로 전류가 흐르는 전선을 놓으면 자침의 N극은 동쪽으로 움직인다.

전류의 크기와 방위 자침의 움직임

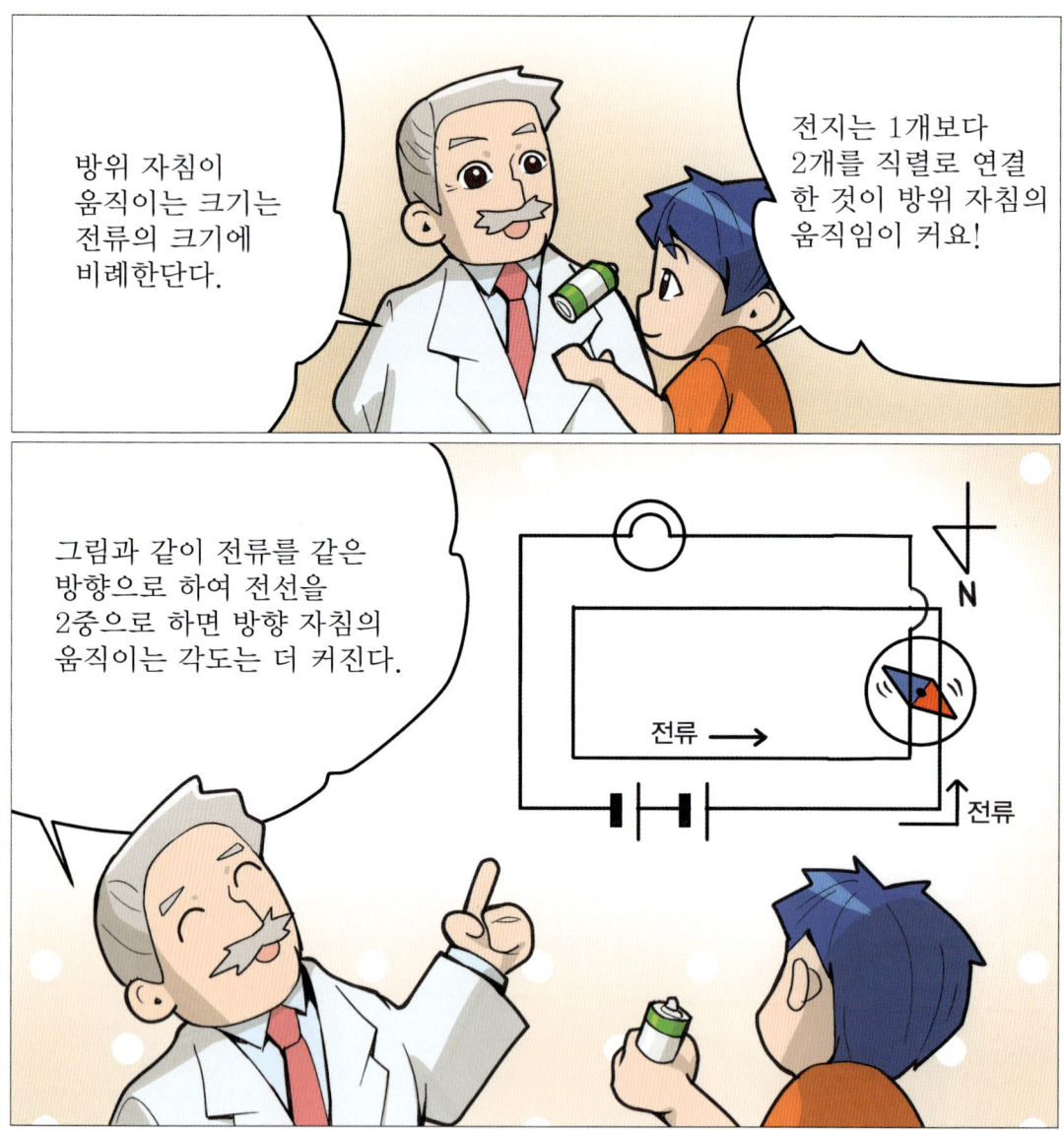

방위 자침 움직임의 크기는 전류의 크기에 비례한다. 같은 회로라면 전지가 1개일 때보다 2개를 직렬로 연결한 것이 크게 움직인다.
또 전선에 가까우면 방위 자침의 움직임이 커지며, 그림과 같이 전류를 같은 방향으로 하고 전선을 2중으로 하면 움직임의 각도를 크게 할 수 있다. 물론 2중으로 한 전선의 전류가 서로 반대 방향이고 크기가 같다면 힘은 상쇄되어 자침은 움직이지 않는다.

오른나사의 법칙

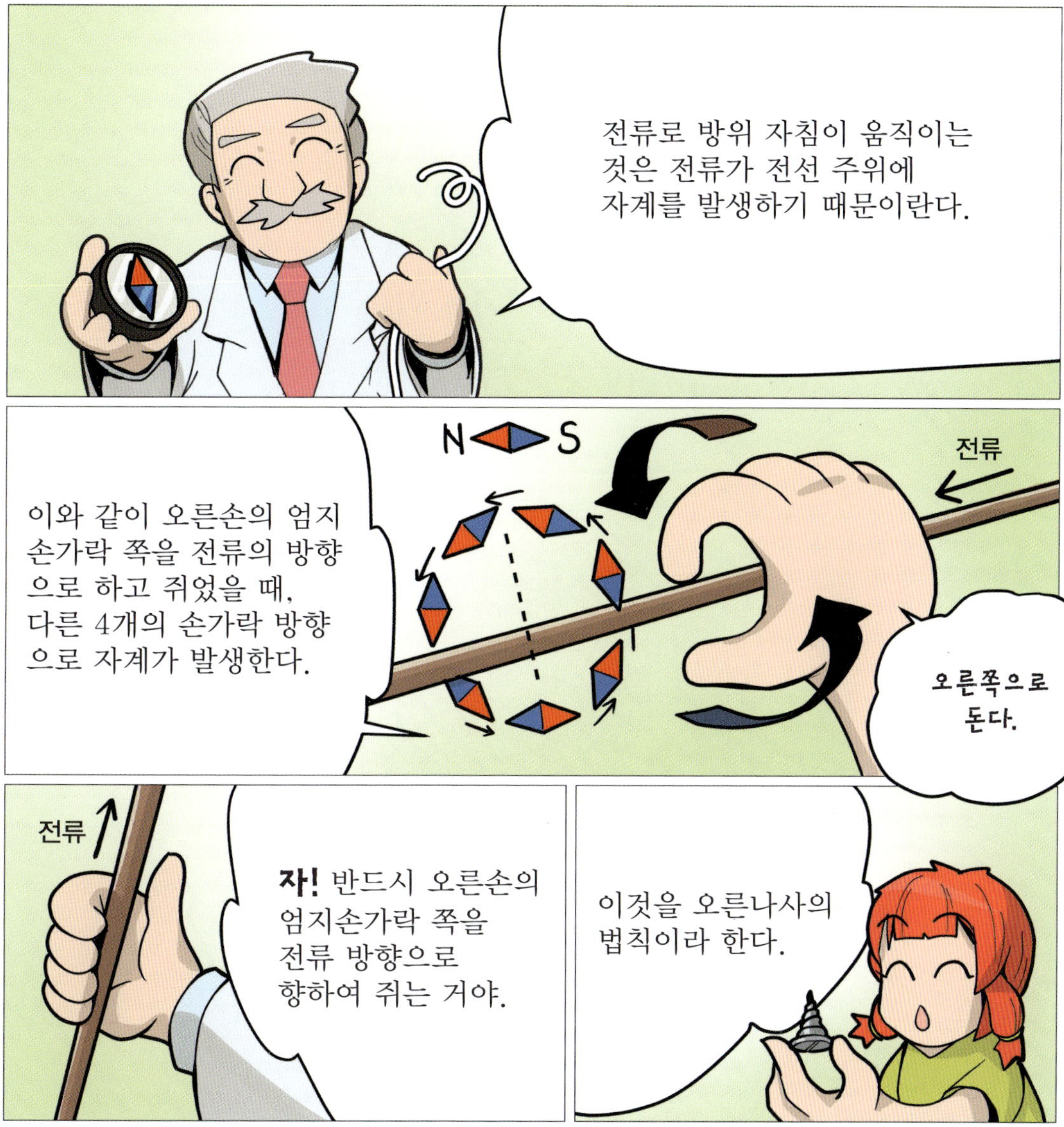

전류로 방위 자침이 움직이는 것은 전류가 전선 주위에 자계를 발생하기 때문이란다.

이와 같이 오른손의 엄지손가락 쪽을 전류의 방향으로 하고 쥐었을 때, 다른 4개의 손가락 방향으로 자계가 발생한다.

오른쪽으로 돈다.

자! 반드시 오른손의 엄지손가락 쪽을 전류 방향으로 향하여 쥐는 거야.

이것을 오른나사의 법칙이라 한다.

전류에 의해 방위 자침 끝의 방향이 변화하는 것은 전류가 전선 주위에 직각으로 자계를 발생시켜 자침을 잡아당기기 때문이며, 잡아당기는 방향은 다음과 같은 방법으로 알 수 있다.
위의 그림과 같이 오른손의 엄지손가락을 전류의 방향으로 하고 가볍게 잡았을 때 다른 네 손가락의 방향, 즉 발생한 자계의 회전 방향이 된다. 이 규칙성을 나사가 회전하는 방향과 끼우는 방향의 관계가 같아서 「오른나사의 법칙」이라고 한다.

원형 전류로 발생하는 자계

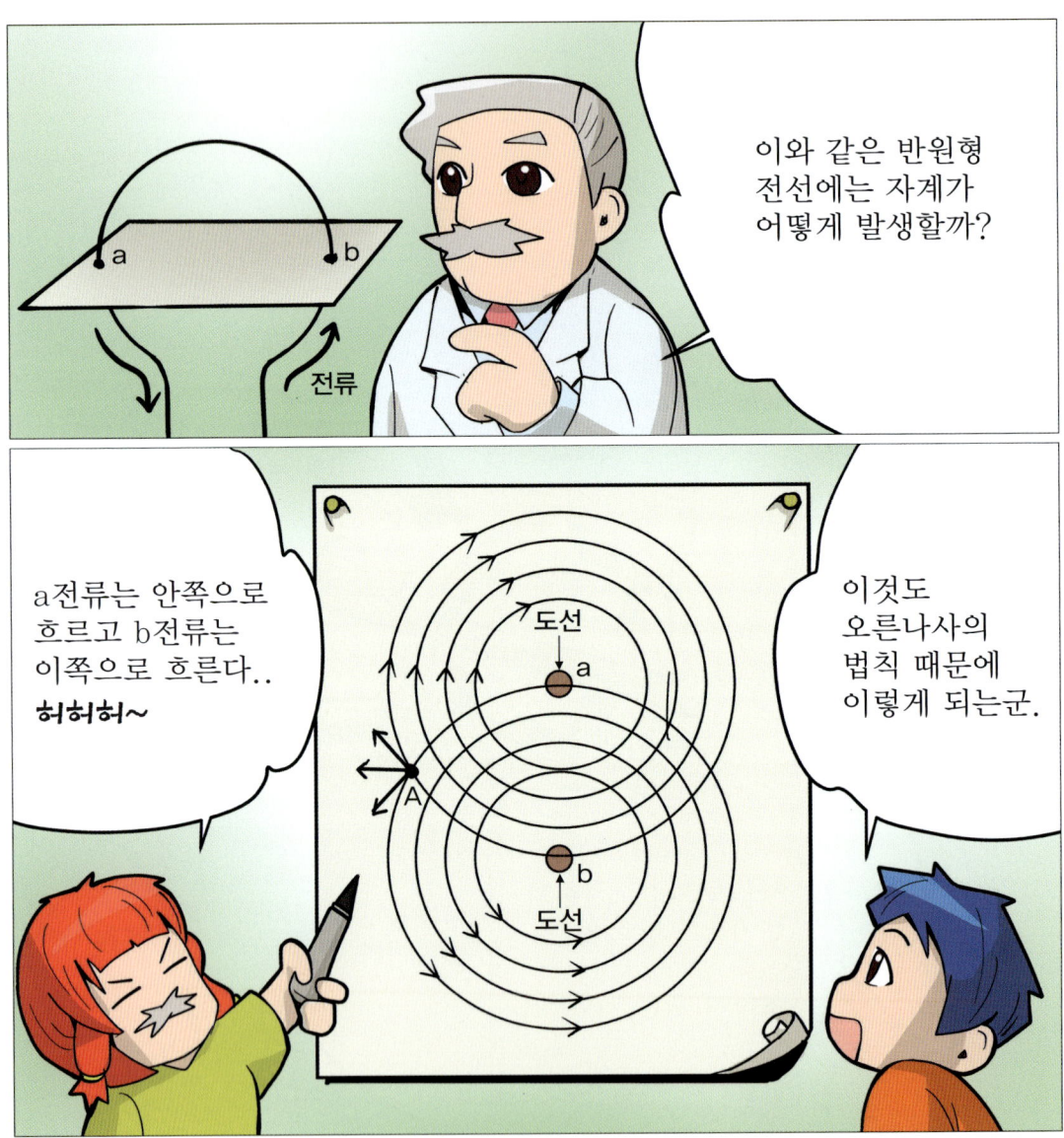

반원형의 전선에 전류가 흐르면 어떤 자계가 발생할까? 앞 항의 「오른나사의 법칙」을 이용하여 설명하면 전선의 수직 단면에서 각 점에 대한 자력의 방향을 보았을 때 오른나사의 법칙에 따라 A점에서는 좌우의 전선에서 같은 방향의 힘을 받고 있다. 이 합성의 힘이 자력의 방향이다.

다른 점에서 받는 힘도 모두 이 A점과 같은 방향이며, 이 원형의 전류로 발생하는 자계의 방향은 오른쪽에서 왼쪽으로 향하게 된다. 물론 전류의 방향이 반대라면 자력의 방향도 반대가 된다.

코일이 만드는 자계

코일이란 앞 항에서 설명한 원형 전류가 연속되어 있는 것으로 생각하면 된다. 그리고 각각의 원형 전류로 발생하는 자계의 방향은 다음과 같은 규칙이 있다. 그것은 각 전선에 흐르는 전류의 방향이 같다면 위의 그림과 같이 전류의 방향을 따라 오른손으로 잡았을 때 엄지손가락의 방향이 코일 안에서 발생하는 자계의 방향이다.

즉 항상 엄지손가락 쪽으로 N극의 자석이 코일에 의해 만들어지며, 이와 같이 전류가 흘러서 만드는 자석을 「전자석」이라고 한다.

전자석

전자석은 전류가 흘러서 자력이 발생하는 구조이며, 자력이 발생한 후의 성질은 영구자석과 같다. 다만, 전자석은 자력의 발생원인 전류를 여러 가지로 변화시켜 다양한 일을 할 수 있는 특징을 갖고 있다.
① 전기를 공급 또는 차단하여 자력의 생성이나 소멸을 자유롭게 할 수 있다.
② 자력의 세기를 자유롭게 변화시킬 수 있다.
③ 전류의 방향을 바꿈으로써 자극의 극성도 자유롭게 바꿀 수 있다.

전자석의 자력 변화

전자석의 자력을 강하게 하려면 단순히 전압을 높여 전류를 크게 하는 방법이 있다. 또 코일을 감는 횟수를 늘려서 5배로 감으면 전류는 5배의 묶음이 되어 자력을 높일 수 있다.
그리고 코일 내부에 연철(경철은 전기를 끊어도 자력이 남아있어 전자석에는 사용할 수 없다)의 철심을 넣으면 코일에서 발생한 자력에 따라 자화된 연철의 자력이 더해져 자력을 더욱 강하게 할 수 있다.

간단한 전자석을 만드는 방법

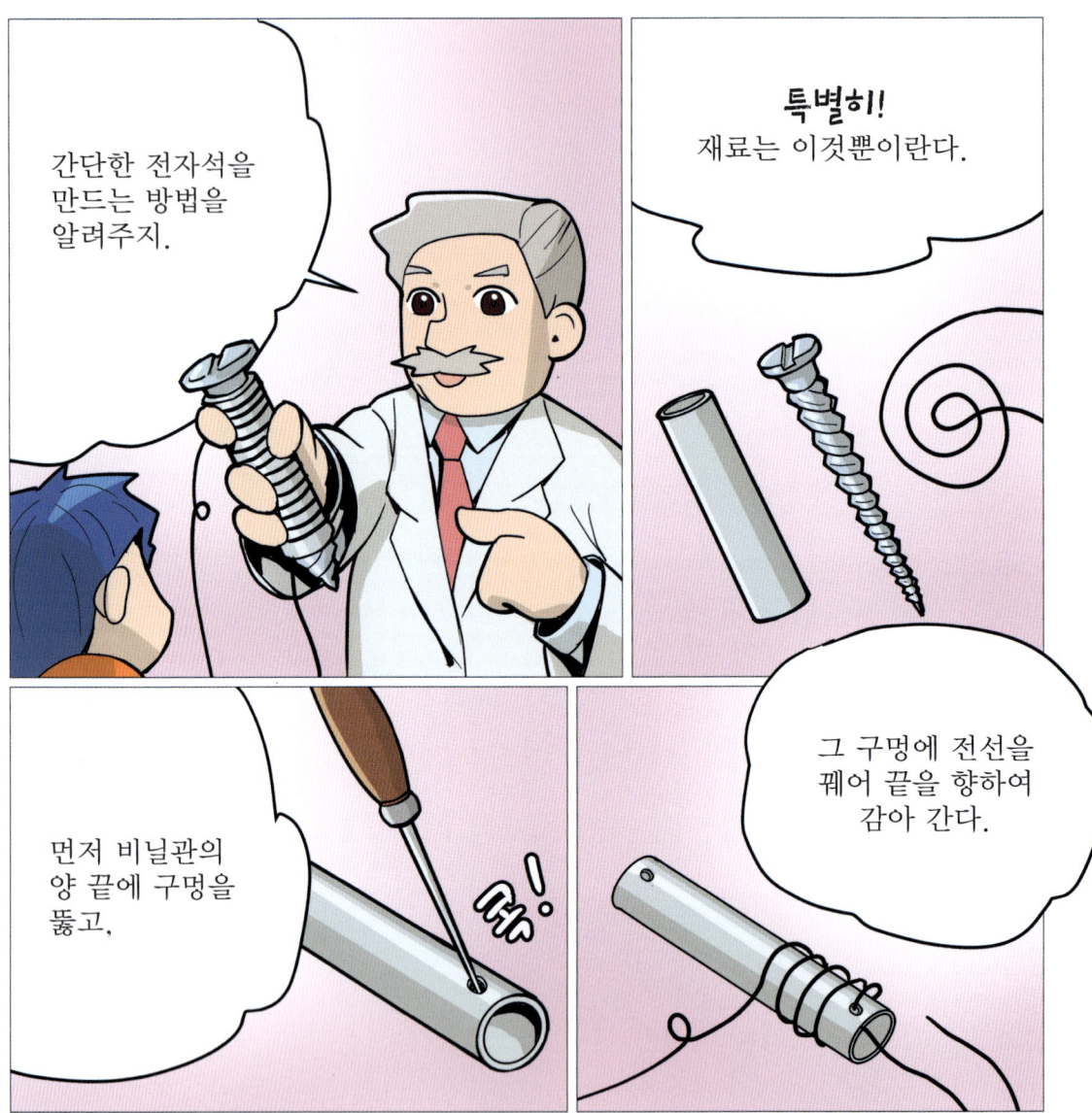

나사못과 나사못보다 지름이 조금 굵은 비닐 관, 그리고 전선(또는 니크롬선)을 준비한다. 먼저 비닐관에 전선을 100회 정도 감고 양 끝에서 전선을 끌어낸다.
한편, 나사못을 핀셋으로 잡고 빨갛게 될 때까지 알코올 램프로 가열한 다음 자연 상태에서 서서히 냉각하여(나사못에 남아 있는 자기(磁器)를 완전히 제거) 비닐관에 넣는다. 이 비닐관의 양 끝에서 끌어낸 전선에 건전지를 연결하면 자력이 발생한다.

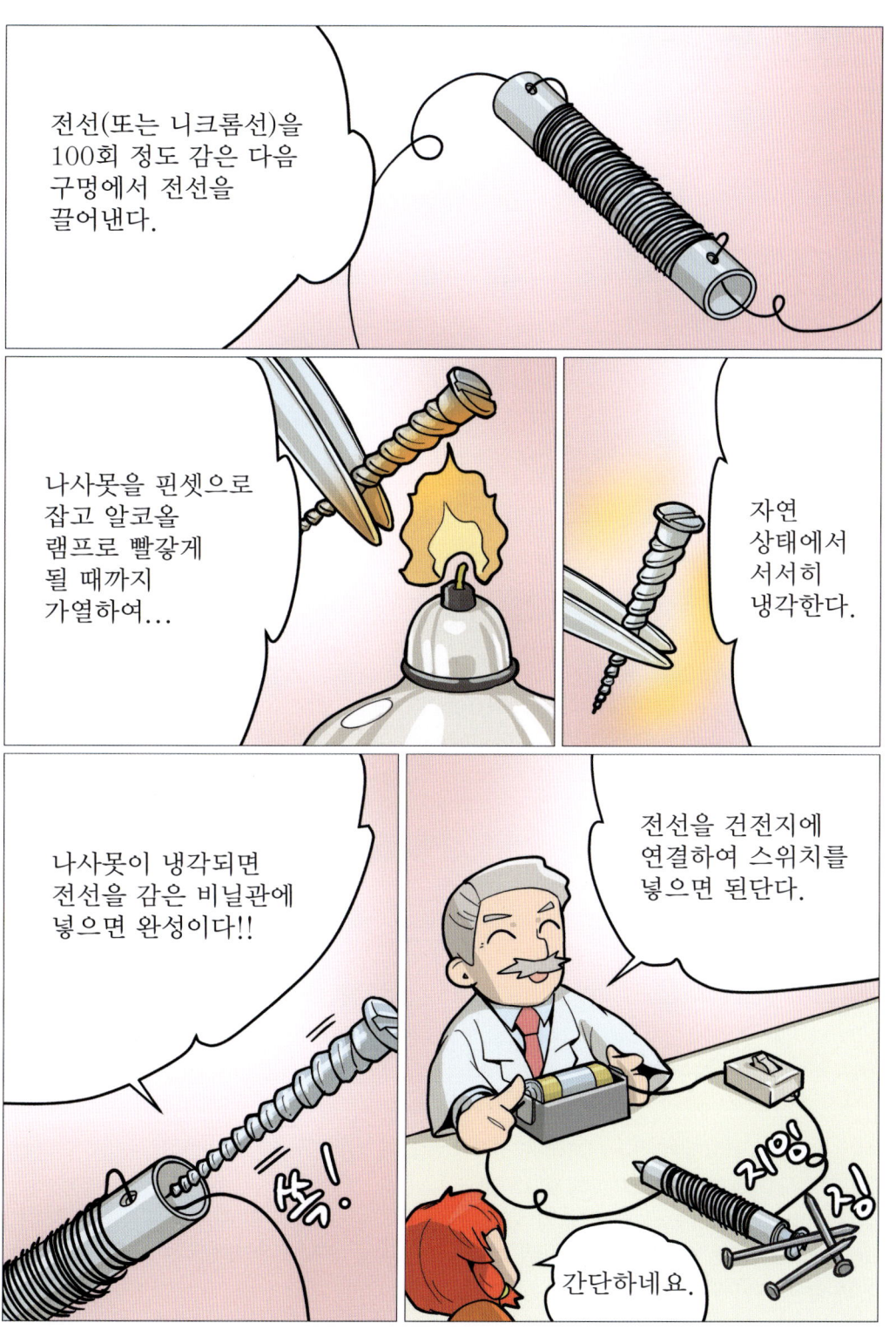

전자석의 용도

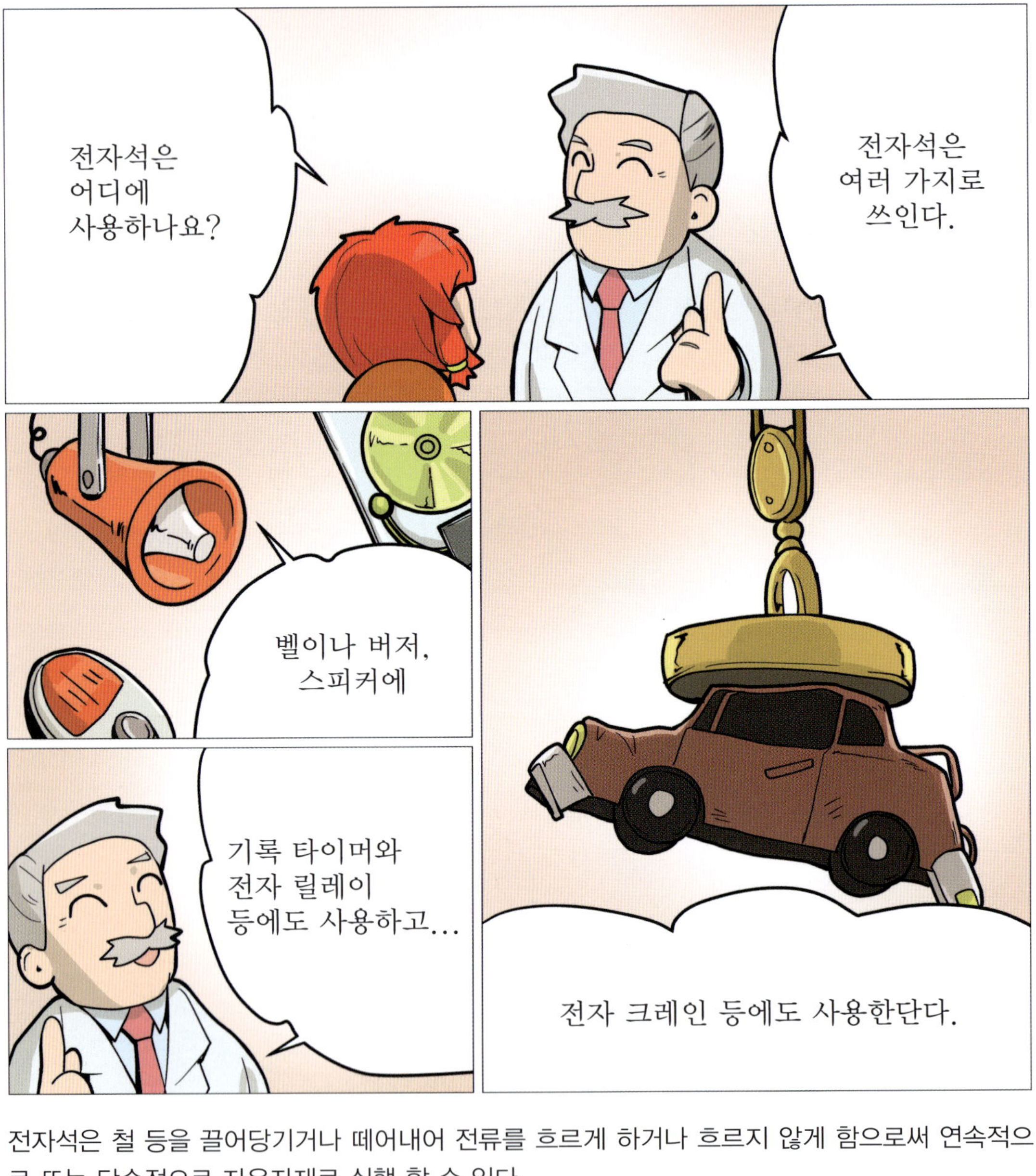

전자석은 철 등을 끌어당기거나 떼어내어 전류를 흐르게 하거나 흐르지 않게 함으로써 연속적으로 또는 단속적으로 자유자재로 실행 할 수 있다.
이 유효한 기능이 벨이나 버저, 전자(電磁) 릴레이, 라디오 카세트 등에 사용하는 스피커, 기록 타이머 등에 사용하고 있다. 물론 강력한 자력을 가짐으로써 폐차(廢車)를 매달아 올리는 전자 크레인과 같은 대형 물체에도 전자석이 사용된다.

벨의 구조

"찌르릉"하고 계속 울리는 벨의 구조는 코일에 전류를 단속적(斷續的)으로 흐르도록 하여 전자석을 단속적으로 만들어 벨이 울린다. 즉, 스위치를 켜면 전기가 흘러 코일에는 자계가 발생하여 판스프링이 코일에 끌려가 종을 두드린다.

이와 동시에 판스프링은 접점에서 떨어져 전기가 흐르지 않게 됨으로써 코일의 자계는 없어지고 판스프링은 접점 쪽으로 다시 돌아간다. 그리고 다시 전류가 흘러 판스프링이 코일에 끌려가 "찌르릉"하는 소리를 낸다.

전류가 자계에서 받는 힘

이와 같이 자석 사이에 전류가 흐르면 어떤 변화가 일어난다고 생각하나?

자석은 움직이지 않으므로 반작용에 따라 자계에서 전선이 힘을 받는단다.

그림과 같은 자석으로 만들어진 자계 속에 전선을 놓고 전류가 흐를 경우 과연 그곳에 어떤 변화가 나타날까? 지금까지 설명한 내용에서 전류에 의해 자계가 발생한다는 것을 알았다.
발생한 자계 안에서는 벽에 부딪친 사람이 벽에서 튀어나오듯이 반작용으로 자계의 힘을 받아 전선이 움직인다.

플레밍의 왼손 법칙

전류가 흐르는 전선이 자계 안에서 받는 힘에는 일정한 법칙이 있다.

이것을 **플레밍의 왼손의 법칙**이라 한다!!

가운뎃손가락에서 차례로 **전(電), 자(磁), 힘**이라고 기억하면 된다.

왼손의 집게손가락을 자계의 방향으로 향하고, 가운뎃손가락을 전류의 방향으로 하였을 때 전선이 자계에서 받는 힘의 방향은...

전류가 흐르는 전선이 자계 안에서 받는 힘에는 일정한 법칙이 있으며, 그 법칙은 왼손의 엄지손가락, 집게손가락, 가운뎃손가락의 3개를 각각 직각으로 펴서 나타낼 수 있다.
집게손가락을 자력선의 방향, 즉 N극에서 S극의 방향으로 하고, 가운뎃손가락을 전류의 방향으로 나타낼 경우 전선이 자계에서 받는 힘의 방향은 엄지손가락의 방향이다. 가운뎃손가락부터 차례로 「전(電)」「자(磁)」「힘」으로 기억하면 된다. 이 규칙성을 「**플레밍의 왼손 법칙**」이라 한다.

자력선의 방향과 플레밍의 왼손 법칙

그림과 같이 말굽자석 안에 전류가 지면의 뒤쪽에서 앞쪽으로 향해 흐르는 전선을 놓으면 자력선의 방향은 바로 위의 그림과 같이 된다.
이때 전선의 오른쪽 A점에서는 자석에 의한 자력선과 전류에서 발생하는 자력선이 반대 방향으로 되기 때문에 서로 상쇄하여 자력이 약해지지만, 전선 왼쪽의 B점에서는 같은 방향이므로 자력은 강해진다. 그리고 자력이 강한 쪽에서 약한 쪽으로 힘이 작용하여 플레밍의 왼손 법칙과 같은 결과가 나타난다.

평행 직류 사이에 작용하는 힘

자계 속에서 전선이 힘을 받는다면 당연히 전류가 흘러 발생한 자력선에서도 전선은 힘을 받는다. 위의 그림과 같이 평행하게 놓은 전선에 각각 전류가 흐를 경우 다음과 같은 힘이 작용하게 된다.
① 전류의 방향이 같을 경우: 각각의 힘은 왼손 법칙에 따라 안쪽으로 향한다.
② 전류의 방향이 다를 경우: 각각의 힘은 왼손 법칙에 따라 바깥쪽으로 향한다.
즉, 전류가 같은 방향이면 잡아당기고, 반대 방향이면 서로 반발한다.

1 암페어(Ampere)의 정의

전기 단위의 근원이라고도 할 수 있는 전류의 값: 암페어는 앞 항의 「평행 전류 사이에 작용하는 힘」에서 정의했는데, 그 정의란 다음과 같은 것이다.
충분히 길고 곧은 2개의 전선을 1m의 간격을 두고 평행하게 놓고 같은 전류값이 흐를 때, 각각의 전선 1m에 작용하는 힘(인력)이 2×10^{-7}(뉴턴)이라고 하면, 흐른 전류 값은 2개 모두 1A이라는 것이다. 이 1A를 기준으로 전압(V)과 저항(Ω)이 결정된다. 1N이란 1kg의 분동(分銅)에 1m/sec^2의 가속도를 가하는 힘이다.

직류 모터(직류 전동기)

이것이 직류 모터의 구조인가?

자계를 만드는 「계자(자석)」 사이에 「전기자」라 부르는 회전하는 코일을 배치하고, 코일에 전류가 흐르면 전기자는 자계에서 힘을 받아 회전한다. 그러나 가하는 힘이 언제나 같은 방향이라면 전기자는 1/2을 회전하고 멈추게 된다.

그런데 실제로는 1/2 회전하면 2개로 갈라진 「정류자(코일의 양 끝이 연결)」가 반대의 「브러시(접점)」에 접촉하여 극성을 바꾸고, 상하 반대의 방향으로 힘이 가해진다. 이것을 반복하여 회전이 지속된다.

07 전자 유도

전자 유도 작용이란?

전자 유도

위 그림과 같이 코일의 양 끝에 전류계를 연결하고 막대자석을 코일에 가까이하면 이상하게 전지의 연결도 없는데 전류계의 바늘이 움직인다. 즉, 코일의 양 끝에 전위차가 발생하여 전류가 흐른다.

이때 발생한 전압을 「유도 전압」이라 하고, 그 전류를 「유도 전류」라고 하며, 이러한 현상을 「전자 유도」라고 한다. 전자 유도는 막대자석을 움직여 자계를 변화시키면 일어나는 현상이며, 막대자석의 이동을 멈추면 전류는 발생하지 않아 전류계는 움직이지 않는다.

렌츠의 법칙(유도 전류의 방향)

유도 전류의 방향에도 하나의 규칙성이 있다. 코일에 가한 자계의 변화를 방해하는 자계를 만들도록 전류는 흐른다. 예를 들면, 막대자석의 N극을 가까이 하면 막대자석 쪽의 코일에 N극이 발생하도록 전류가 흐르지만 막대자석을 멀리하면 이번에는 막대자석 쪽의 코일에 S극이 나타나도록 전류가 흐른다.
물론 막대자석의 S극 쪽도 코일을 향해 움직이면 그 반대방향의 전류가 흐른다. 이 규칙성을 「렌츠의 법칙」이라고 한다.

패러데이의 전자 유도 법칙

발생하는 유도 전압(또는 유도 전류)의 크기에 다음과 같은 2개의 규칙성이 있다. 그 중 하나는 사용한 막대자석의 자력이 강할수록 큰 전압이 발생하고, 다른 하나는 자석의 이동속도가 빠를수록 역시 큰 전압이 발생한다.

단위 시간에 변화하는 자계의 크기에 대응하여, 발생하는 반대방향의 자계(즉 유도 전압 및 유도 전류)도 커진다. 이 규칙성을 「패러데이의 전자 유도 법칙」이라고 한다.

코일의 감은 수와 유도 전압

다음 장에서 설명하는 「전자」라는 개념을 이용하여 전자 유도를 설명한다. 전자는 자력선을 끊은 자력선에 대해 직각으로 이동할 때 자계에서 힘을 받는다. 예를 들면, 코일에서 막대자석이 멀어진 그림의 A점에서는 화살표의 방향으로 힘을 받고, B점도 같은 회전방향으로 힘을 받는다.
전자의 방향과 전류의 방향이 반대이므로 전자가 받는 힘의 반대 방향이 유도 전류의 방향이 된다. 이 전자가 끊어낸 자력선의 면적이 유도 전압의 크기를 정하고, 코일의 감은 수가 많을수록 절단 면적이 커지므로 유도 전압도 커진다.

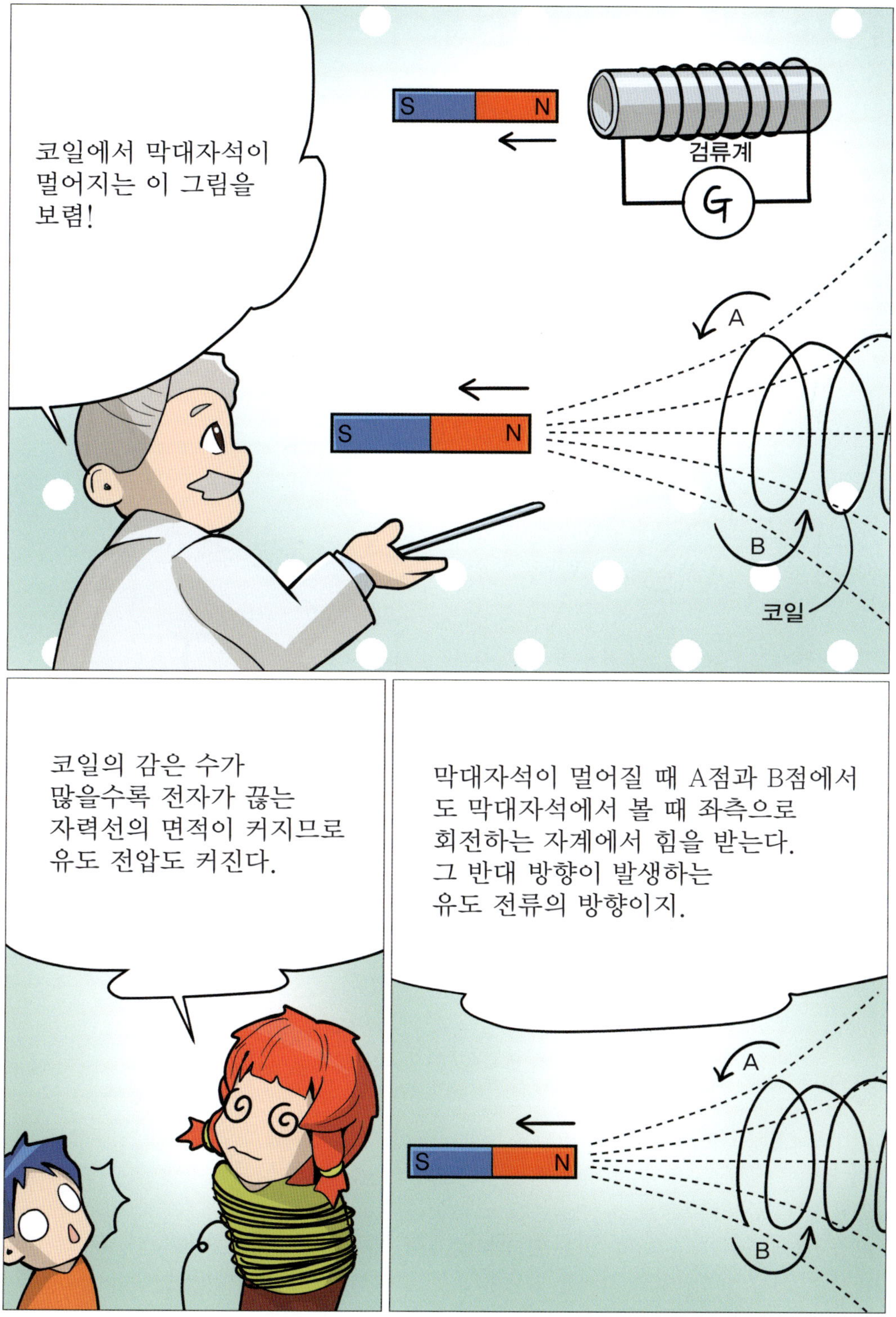

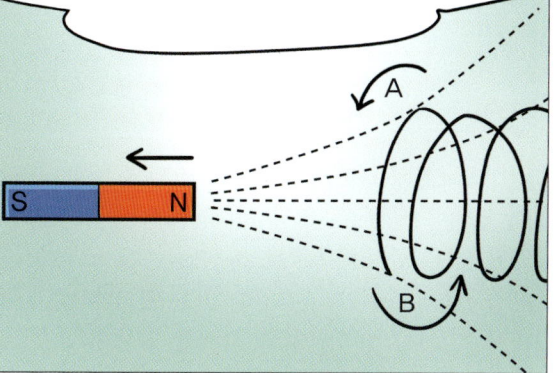

전기 그네에 의한 전자 유도

코일을 오른쪽으로 움직이면 지면(紙面)의 표면에서 뒤로 흐르는 전류가 발생한다.

가느다란 에나멜선으로 직사각형의 코일을 만들어 말굽자석 사이에 매단 것을 「전기 그네」라고 하며, 이 코일을 좌우로 움직이면 다음과 같은 전류가 발생한다.
예를 들면, 코일을 오른쪽으로 움직인 경우 코일의 오른쪽은 자력선이 끊겨서 자력이 약해지므로 코일 오른쪽의 자력을 강하게 한다. 왼쪽은 낮아지도록 지면(紙面)의 표면에서 뒤로 빠져나가는 전류가 흐르며, 시계방향의 자계를 발생한다. 코일을 왼쪽으로 움직이면 반대방향의 전류가 흐르고, 위아래로 움직이면 전류는 발생하지 않는다.

상호 유도 작용(2개 코일에 의한 전자 유도)

전원에 접속한 코일을 **1차 코일**이라 한다.

유도 전류가 발생하는 쪽의 코일을 **2차 코일**이라 한다.

전자석
가변저항
검류계

전자 유도는 물론 전자석을 이용해도 발생한다. 또한 영구 자석과 달라서 전원을 끊었다 넣었다 하거나 전류를 강하게 하거나 약하게 반복해도 발생한다. 이 2개의 코일을 사용하여 전류의 변화에 의한 전자 유도를 「**상호 유도**」라고 하며, 전원에 연결한 코일을 「**1차 코일**」, 유도 전류가 발생하는 코일을 「**2차 코일**」이라고 한다.
그리고 상호 유도에서는 코일을 움직일 필요가 없으므로 자력을 높이기 위한 철심을 1개 배치하고, 1차 코일과 2차 코일을 감는다.

상호 유도 전류

상호 유도도 물론 렌츠의 법칙에 따른 것이다. 즉 1차 코일의 전류가 변화했을 때는 그 변화를 방해하는 방향으로 2차 코일에 전류가 발생한다.

예를 들면, 그림과 같은 장치에서 1차 코일의 전류가 3A에서 5A로 올라갈 때는 1차 코일이 만드는 자계는 오른쪽을 N극으로 하여 강해지도록 변화한다. 그래서 2차 코일에서는 그것을 방해하려고 왼쪽을 N극으로 하는 자계를 발생시키기 위해 화살표 방향으로 전류가 흐른다.

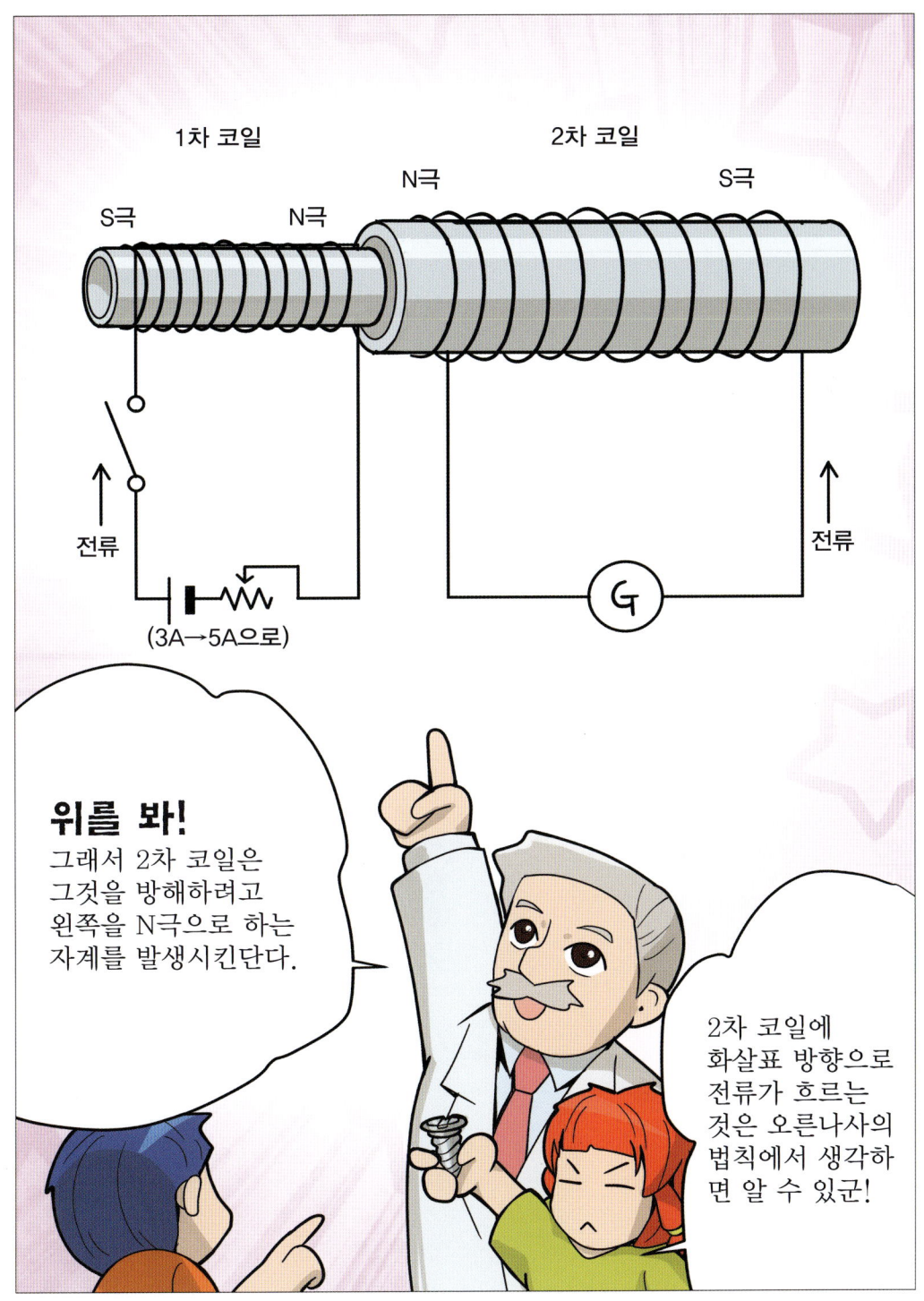

플레밍의 오른손 법칙

자계 속에서 전선을 움직일 때에 발생하는 유도 전류의 방향에도 규칙성이 있다.

오른손의 방향과 같네요!

플레밍의 왼손 법칙은 자계 속에 전선을 놓고 전류가 흘렀을 때 전선이 받는 힘의 방향을 나타낸 것이었다. 자계 속에서 전선을 움직였을 경우 전선에 발생하는 유도 전류의 방향도 규칙성이 있는데, 이 관계를 「플레밍의 오른손 법칙」이라고 한다.

즉 오른손의 엄지손가락, 집게손가락, 가운뎃손가락을 각각 직각이 되도록 폈을 때, 자계의 방향이 집게손가락, 전선을 움직이는 방향이 엄지손가락의 방향이라면 발생하는 유도 전류의 방향은 가운뎃손가락 방향이다.

자기(自己) 유도

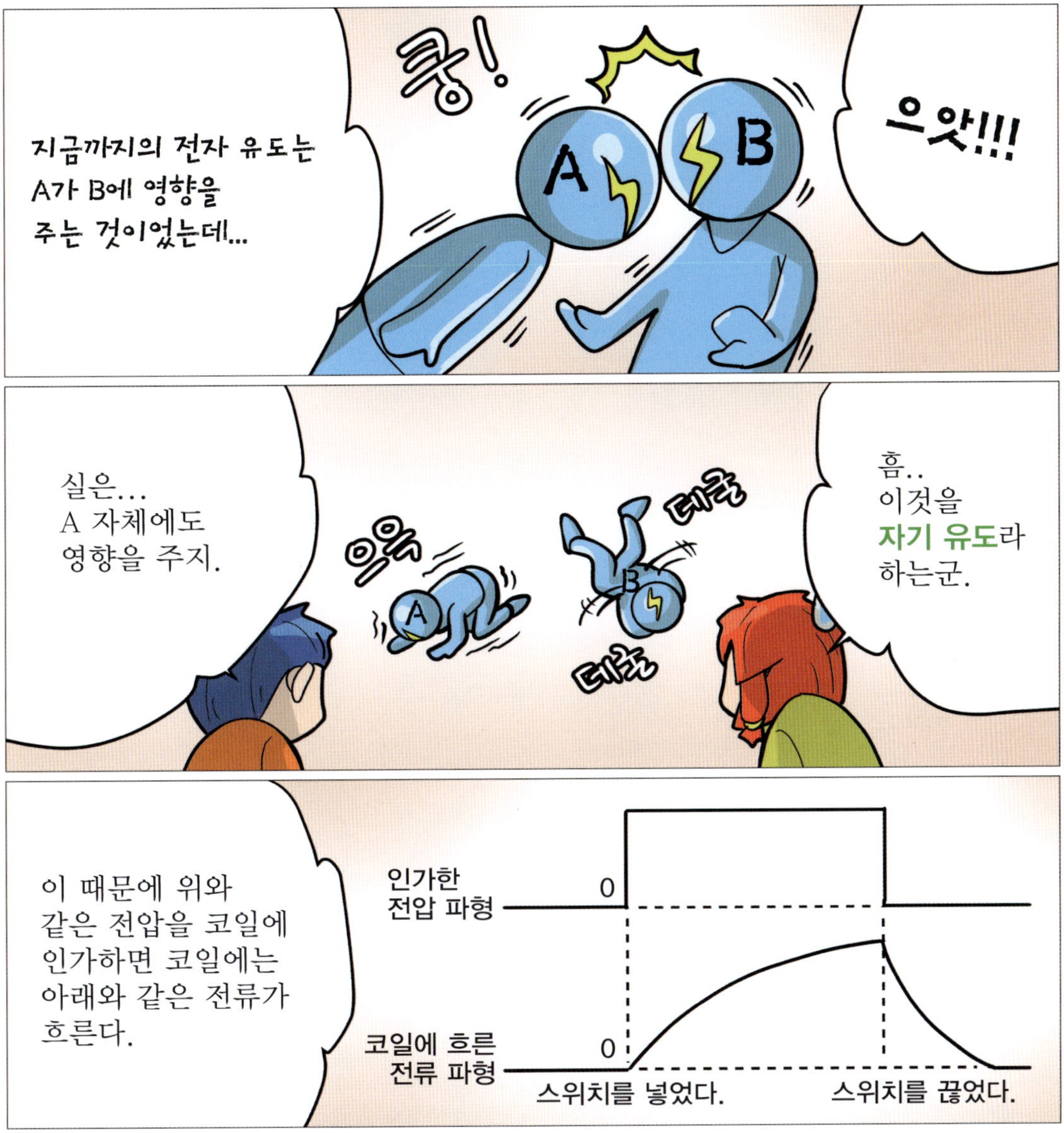

전자 유도는 코일 A의 전압 변화는 코일 A 자체에도 영향을 준다. 이 현상을 「자기 유도」라고 한다. 코일을 연결한 회로에 전압을 인가하면 급격한 전압 상승이 일어나므로 이를 방해하려고 코일 자체에도 유도 전압이 발생한다.

또 전원을 끄면 이번에는 급격하게 전압이 내려가므로 이를 방해하는 방향으로 유도 전압이 발생한다. 그래서 코일에 직류 전압을 인가하면 전류는 서서히 상승하여 일정한 값에서 안정되고 전원을 끄면 서서히 내려가 0이 되는 성질을 나타낸다.

교류 발전기

전자 유도의 설명으로 전원이 없는 곳에서 연속적으로 전기를 얻기 위해서는 끊임없이 자계를 변화하면 된다는 것을 알았다. 그러나 자계를 변화시키려면 자석과 코일이 가까워지거나 멀어져야 하는데, 이것을 연속시키는 것은 아주 번거롭다.

자석 또는 코일을 회전시킴으로써 가능한 것이 발전기이며, 일반적으로 극성과 크기를 끊임없이 변화하는 교류를 얻을 수 있으므로 「교류 발전기」라고 한다. 또한 정류자를 이용하여 플러스 극성만의 맥류를 얻는 타입은 「직류 발전기」라고 한다.

교류 발전기의 원리

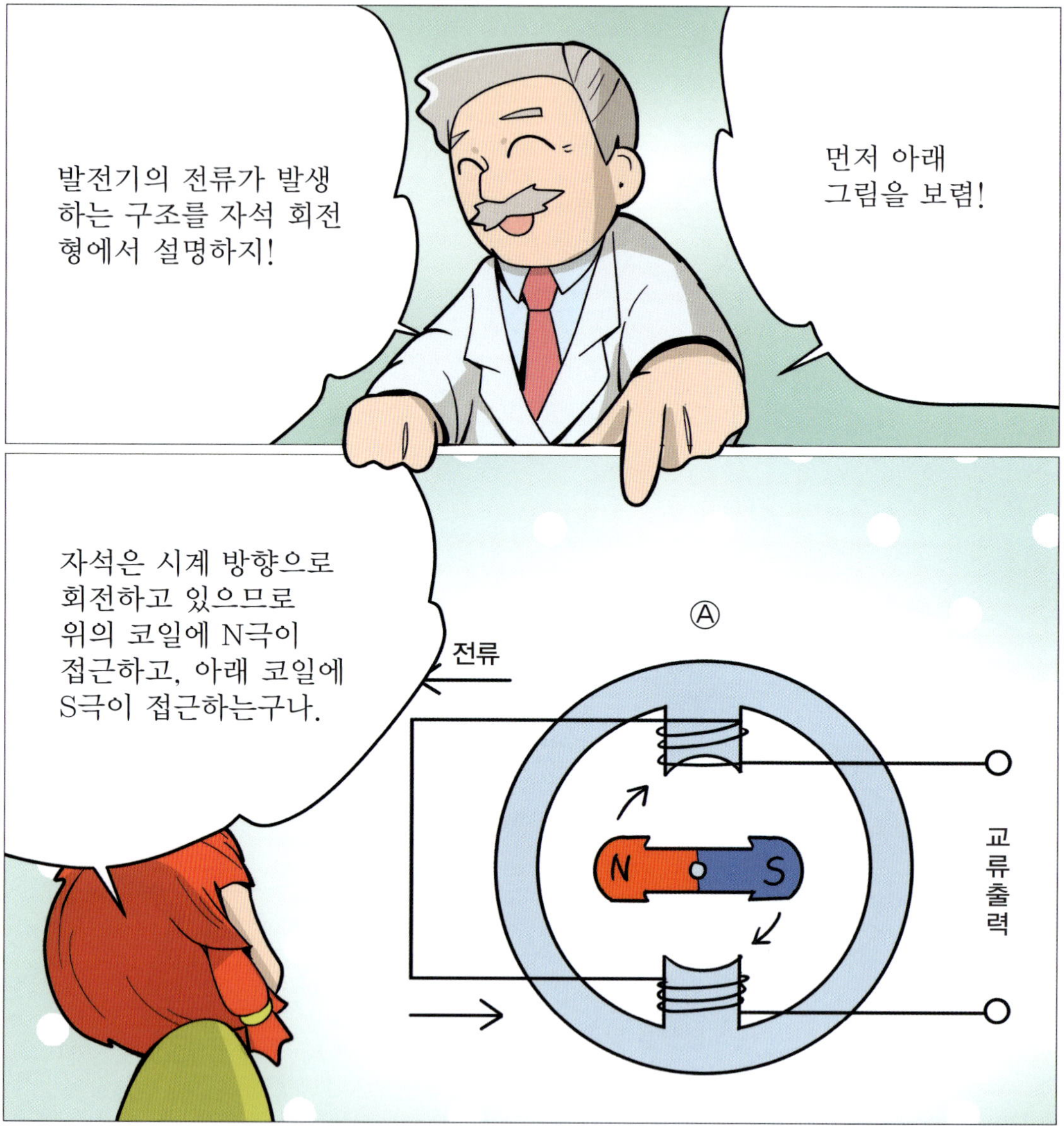

발전기의 전류가 발생하는 구조를 자석 회전형에서 설명하지!

먼저 아래 그림을 보렴!

자석은 시계 방향으로 회전하고 있으므로 위의 코일에 N극이 접근하고, 아래 코일에 S극이 접근하는구나.

발전기의 전류가 발생하는 원리를 자석 회전형으로 설명하면 다음과 같다. 예를 들면, 자석의 N극이 왼쪽을 향한 상태에서 생각하면 자석은 끊임없이 시계방향으로 회전하므로 위 코일에는 N극이, 아래 코일에는 S극이 급속히 가까워진다.
그래서 위 코일은 자석 쪽에 N극이 발생하듯이 또 아래 코일은 S극이 발생하도록 전류가 흐르지만, 자석이 코일에 가까워지면 자계의 변화가 작아져 전류도 내려간다. 이 전류의 변화를 그래프로 나타내면 유도 전류는 자석의 1회전을 주기로 하는 교류 파형을 그린다.

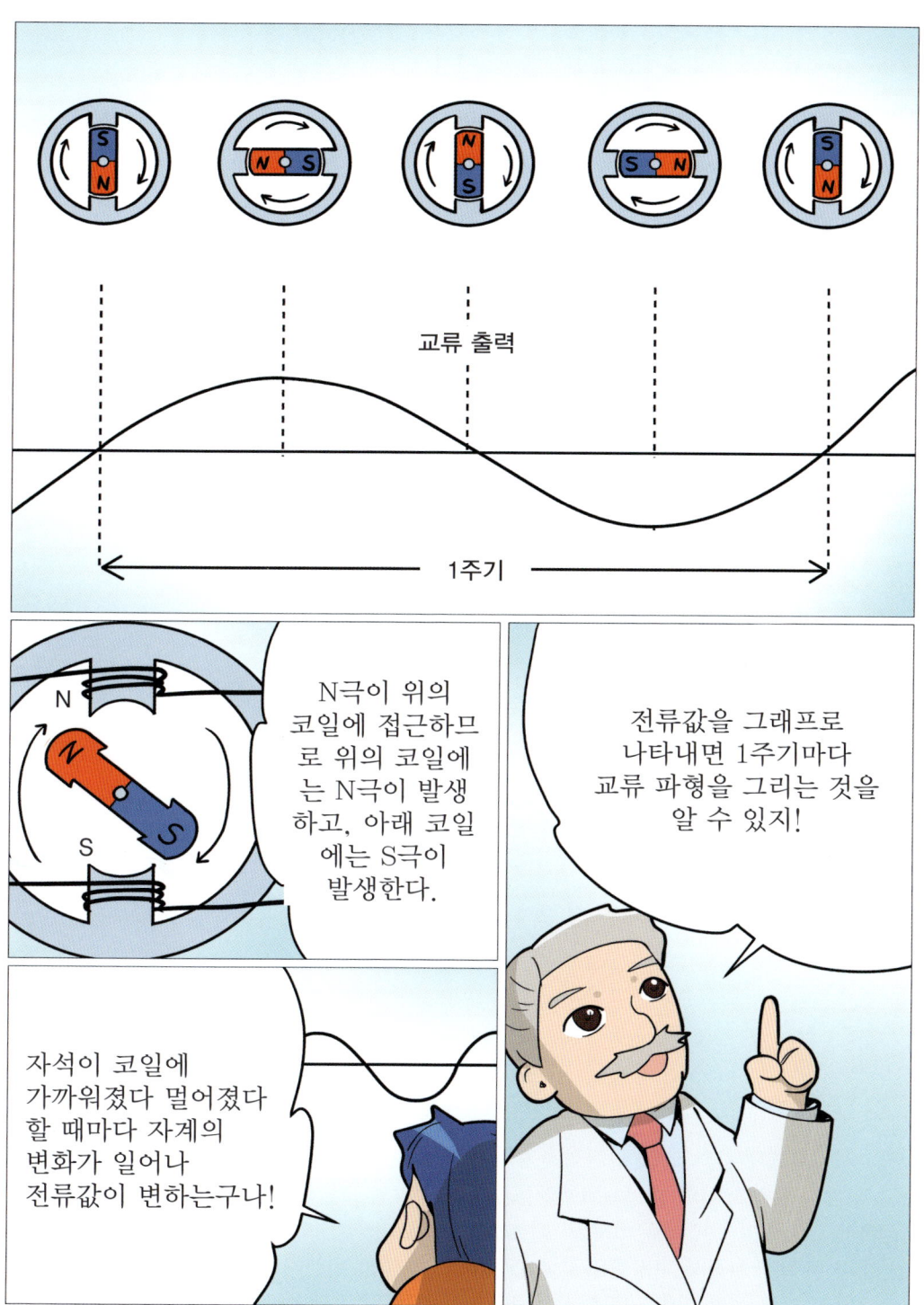

자전거용 발전기

전기자의 자석을 회전시켜 코일에 가까이 또는 멀리하여 유도 전류를 얻는 발전기이다. 그 구조를 보면 철심에 감긴 코일이 총 4개가 배치되고, 그 중앙에 그림과 같은 형태의 영구자석이 중앙의 회전축에 연결되며, 회전축은 바퀴와 접촉하는 롤러와 연결된다.

페달을 밟아 바퀴를 회전시키면 롤러의 회전에 따라 자석이 회전하여 각 코일에 유도 전류가 발생하여 소형 전구를 점등시킨다. 자전거 바퀴의 회전이 빠를수록 자계의 변화 속도도 빠르고, 유도 전류도 커져 전구는 밝아진다.

변압기(트랜스포머)

위의 그림과 같이 1개의 연철심에 1차 코일과 2차 코일을 감고, 1차 코일에 교류를 흐르도록 하면 상호 유도 작용에 의해 2차 코일에 유도 전압이 발생하는 것은 앞에서 설명하였다.
「**변압기**」는 상호 유도 작용을 이용하여 코일의 감은 수를 1차 코일과 2차 코일을 서로 다르게 함으로써 교류 전압의 크기를 변화시키는 것이다. "전압을 옮긴다."는 성질의 의미에서 변압기를 「**트랜스포머**」이라고도 부른다.

권수(權數)와 전압

변압기에서 전압을 바꾸기 위해서는 1차 코일과 2차 코일의 권수(감은 수)가 중요한 역할을 한다.

나는 2차 코일..

찌릿! 나는 1차 코일...

유도 전압의 크기는 자력선을 자르는 면적 즉,

1차 코일과 2차 코일의 권수(감은 수)에 비례한다.

변압기로 어떻게 전압을 변화시키는가? 여기에는 다음의 관계가 중요한 역할을 한다. 「코일의 권수와 유도 전압」의 항목에서도 설명했듯이 유도 전압의 크기는 자력선을 잘라낸 면적, 즉 코일의 권수에 비례한다. 1차 코일의 전압(E_1)과 권수(N_1), 2차 코일의 전압(E_2)과 권수(N_2)의 4개의 수치에는 다음 관계가 성립한다.

$$\frac{E_1}{E_2} = \frac{N_1}{N_2}$$ 예를 들면, 1차 코일의 전압이 100V, 코일의 권수가 100회이고, 2차 측에서 300V를 얻고 싶다면, 2차 코일은 300회의 권수가 필요하다.

변압기와 전력

변압기는 "A에 전압을 넣고 A와 다른 B의 전압을 끌어내는 장치"이며, 이 전압의 변환에는 주위에서 어떤 에너지도 가하지 않는다. 만약 변압기가 열과 소리의 손실이 발생하지 않는 것이라면 에너지 보존의 법칙에 의해 1차 측과 2차 측의 전력은 같아져 1차 측의 전압과 전류를 「E_1과 I_1」, 2차 측의 전압과 전류를 「E_2와 I_2」로 하면 $E_1 \times I_1 = E_2 \times I_2$의 관계식이 성립한다. 즉, 2차 코일의 권수를 2배로 하여 2배의 전압을 얻으면 저항값은 2배가 되고 전류는 1/2이 된다.

발전

발전소가 하는 주된 발전 방식에는 다음의 3가지가 있다.
2017 국내기준(그외 신재생 3.5%, 기타 6.3%)
① 수력 발전: 댐에 저장한 물을 높은 곳에서 낙하시켜 수차를 돌려 발전기를 회전시키는 방법.
② 화력 발전: 석유나 석탄, LP가스 등을 연소시켜 만든 증기를 증기 터빈에 보내 발전기를 회전시키는 방법
③ 원자력 발전: 원자로에서 발생하는 열에너지로 고온의 수증기를 만들어 증기 터빈을 돌려 발전하는 방법

발전소와 송전

전기가 우리 가정에 송전되는 과정은 대략 다음과 같다. 우선 발전소에서 1만V정도의 전기를 발전하여 그것을 수만V에서 수십만V로 높여 변전소로 보낸다.
이를 받은 「1차 변전소」는 전압을 1/2 정도로 낮추어 「2차 변전소」로 보내고, 「2차 변전소」또한 1/3 정도로 낮추어 「배전 변전소」로 보낸다. 그리고 배전 변전소에서 수천V로 낮추어 전주에 설치된 「주상 변압기」를 통해서 220V로 변환하여 각 가정에 송전한다.

08

전류와 전자는 어떤 것인가?
반도체 다이오드는 무엇이며, 정류 작용이란?
트랜지스터의 구조와 역할은 어떤 것인가?
직접 회로(IC)의 작용과 쓰임새는 어디인가?

전류와 전자

아크 방전

공기 중에 2장의 평행하는 금속판을 놓고 직류 전압을 인가하면 공기 중의 이온이 전기를 운반하여 조금이지만 전류가 흐른다. 이 현상을 「방전」이라 하며, 에보나이트 막대 등에 대전된 정전기가 일정 시간이 지나면 없어지는 것도 이 때문이다.

이와는 달리 2장의 금속판에 인가하는 전압을 점점 크게 하여 어느 값을 넘으면 심한 소리와 불꽃이 튀어 갑자기 큰 전류가 흐른다. 이것을 「아크 방전」이라고 하며, 아크 방전을 일으키는 전압을 「아크 전압」 또는 「파괴 전압」이라고 한다.

진공 방전과 글로 방전

유리관 속에서 불꽃 방전을 일으키는 것을 「**방전관**」이라 하며, 방전관 속에서도 1기압(760mmHg)에서 방전시키려면 큰 전압이 필요하다. 그런데 진공 펌프를 사용하여 공기를 빼내면 낮은 전압에서도 쉽게 방전이 된다. 이 상태를 「**진공 방전**」이라 한다.

특히, 관 속의 압력을 1mmHg 정도까지 낮춘 「**가이슬러관**」에서는 방전의 빛이 굵어져 관 전체를 빛나게 하므로, 이 방전 상태를 「**글로 방전**」이라고도 한다. 글로 방전되는 방전관에 네온을 넣어 여러 가지 색을 표현한 것이 네온사인이다.

형광등과 전구

형광등은 방전관의 구조를 이용한 조명 기구다. 형광등 속에는 아르곤 가스와 증기화된 소량의 수은이 들어 있어 전압을 인가하면 방전이 시작되어 음극에서 튀어 나간 음극선이 수은 증기에 접촉하여 자외선을 만든다.

형광관의 안쪽 표면에는 자외선이 닿으면 빛을 내는 형광물질이 소결되어 있어 형광등이 빛을 낸다. 그러나 전구는 발열 효율이 높은 필라멘트에 전류가 흘러 고온이 되면 빛을 발생하므로 양측은 빛을 내는 방식이 기본적으로 다르다.

크룩스관과 음극선

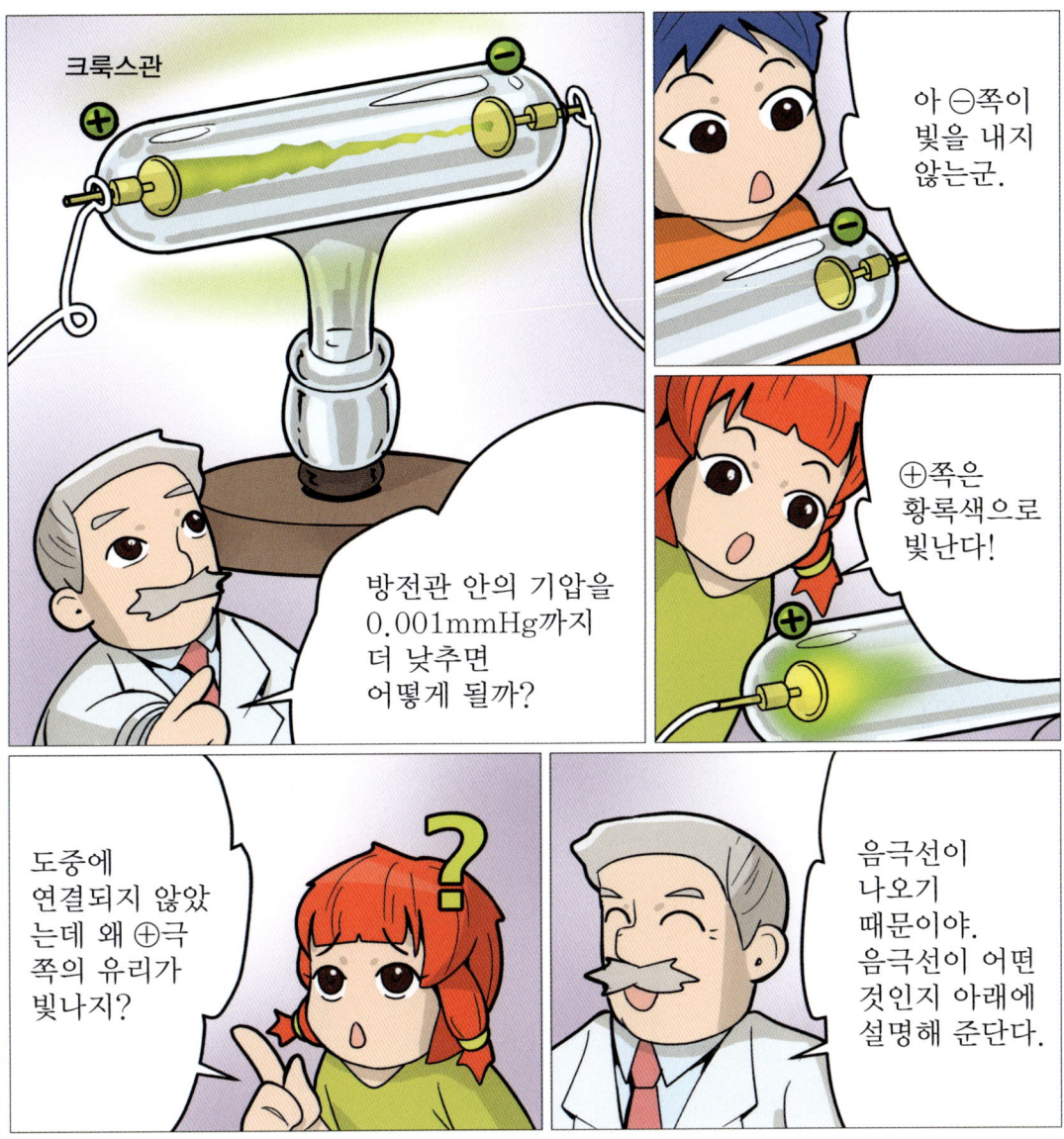

방전관 속의 기압을 더 낮추어 0.001mmHg 정도로 하면 먼저 방전관의 (−)쪽이 빛을 내지 않고 다음에 (+)쪽의 유리가 아름다운 황록색의 빛을 내기 시작한다. 이와 같이 된 진공도가 매우 높은 방전관을 「**크룩스관(Crookes tube)**」이라고 한다.

그럼 (−)쪽 (+)쪽이 연결되지 않았는데 왜 (+)쪽 유리가 빛을 낼까? 이것은 (−)쪽에서 (+)쪽으로 향해 「**음극선(방사선)**」이 튀어나가 유리면에 닿았기 때문이다.

크룩스관의 실험(1)

크룩스관을 사용하여 음극선이 어떤 성질을 갖고 있는지 실험해보자!

먼저 그림과 같이 ⊕극에 십자형 알루미늄판을 부착하면 유리면에 그림자가 생겨!

그러나 ⊖극에 부착하면 그림자가 생기지 않는구나.

실험은 음극선이 어떤 성질이 있는지를 보기 위한 것이다. 우선 방전관 안에 십자형 알루미늄 판을 (+)극에 부착했을 경우 유리면에 그림자가 생기나, (−)극에 부착했을 때는 그림자가 생기지 않는다.

또 (−)극과 (+)극 사이에 운모판으로 만든 임펠러를 놓으면 시계 방향으로 회전한다. 이 2가지 실험에서 음극선은 (−)극에서 빛과 같이 직선으로 (+)극을 향해 튀어나가며, 가벼운 것에 닿으면 그것을 움직일 정도의 질량을 갖고 있다는 것을 알 수 있다.

크룩스관의 실험(2)

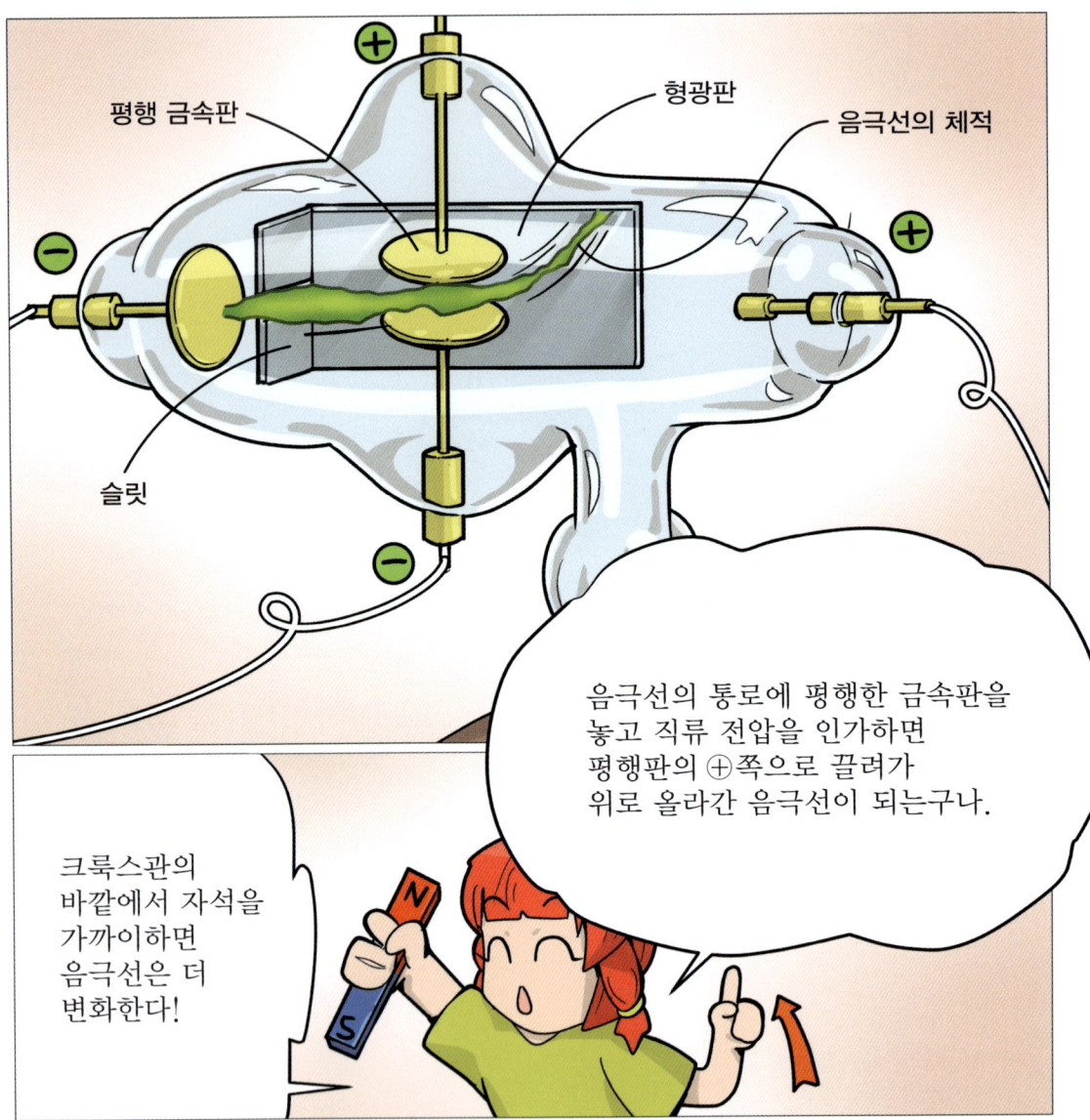

(−)극의 바로 앞에 슬릿을 넣고 선(線) 모양으로 하여 음극선을 통하면, 뒤쪽의 형광판에는 수평으로 움직인 음극선의 자국이 나타난다.

그런데 그림과 같이 음극선이 지나간 길과 평행한 금속판을 놓고 직류 전압을 인가하면, 평행판 전극의 (+)극 쪽으로 끌려 음극선은 위로 올라가며, 또 그 음극선에 크룩스관 밖에서 자석을 가까이 하면 지나간 자국은 다시 변화한다. 이 점에서 음극선은 전기나 자기의 영향을 받아 방향을 바꾼다는 것을 알 수 있다.

원자와 전자(電子)

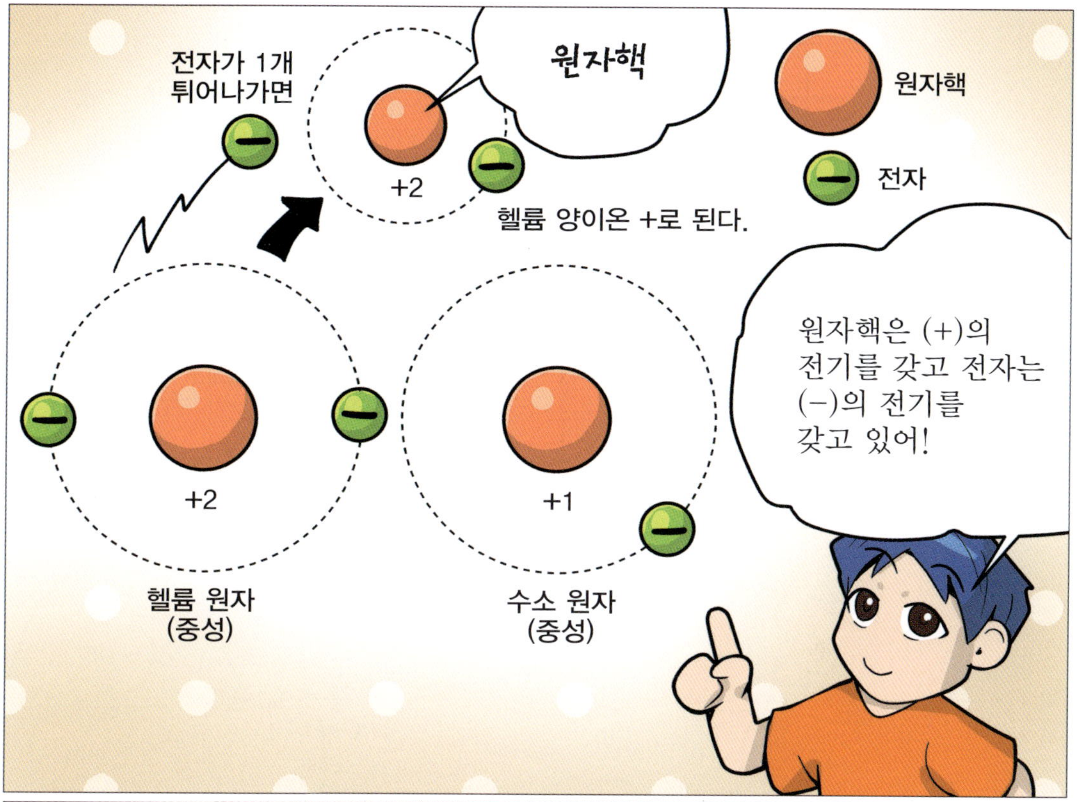

크룩스관의 실험에서 알 수 있는 것은, 음극선은 음(-)의 전기의 성질을 가진 입자의 흐름이라는 것이다. 이 입자가 바로 「전자」이다. 그러면 전자(일렉트론)란 도대체 어떤 것인가?

물체의 최소 단위인 「원자」는 모두 원자핵과 전자로 구성되어 있다. 이 중 원자핵은 양(+)의 전기를 갖고, 전자는 음의 전기를 갖고 있다. 원자는 이 2개의 전기적인 결합으로 중성을 유지하고 있다. 이 전자가 원자에서 튀어나가 음극선이 되거나, 도선 안에서는 전류로 되기도 한다. 또 전자가 빠져나간 후의 원자는 양으로 대전(帶電)하여 「양이온」이라 불리는 것이 된다.

전자와 아크 방전

여기서 「전자」의 개념으로 아크 방전을 설명한다. 「아크 방전」항에서 2장의 금속판의 예를 다시 떠올려보기 바란다. 공기 중에는 원자에서 유리된 전자가 많이 포함되어 있으며, 여기에 일정 이상의 높은 전압을 인가하면 전자는 (+)극에 끌려 속도를 높이고 충돌한 원자에서 전자를 방출한다.
한편, (+)이온도 (-)극 쪽에 부딪쳐 전자를 방출하며, 튀어나온 전자는 앞의 전자와 같은 기능을 하므로 대량의 전자 흐름이 금속판 사이에 생긴다. 진공도가 높으면 부딪히는 원자가 적어지므로 전자가 속도를 높이기 쉽고 방전도 일어나기 쉽다.

금속 결합과 자유 전자

여러 물질은 모두 원자가 여러 가지 구조로 결합되어 만들어져 있다. 금속의 경우도 몇 개의 원자가 전자를 잃어 양이온이 되거나 압축된 것처럼 굳어져 그곳을 전자가 빙빙 돌면서 전체의 양이온을 결합하는 구조로 되어 있다. 이 구조를 「금속 결합」이라고 하며, 양이온에서 양이온으로 자유롭게 돌아다니는 전자를 「자유 전자」라고 한다. 자유 전자는 전기를 운반하는 동시에 열도 운반하며, 또 구부려도 쉽게 절단되지 않는 것은 이 자유 전자가 연결되어 있기 때문이다.

부도체의 구조

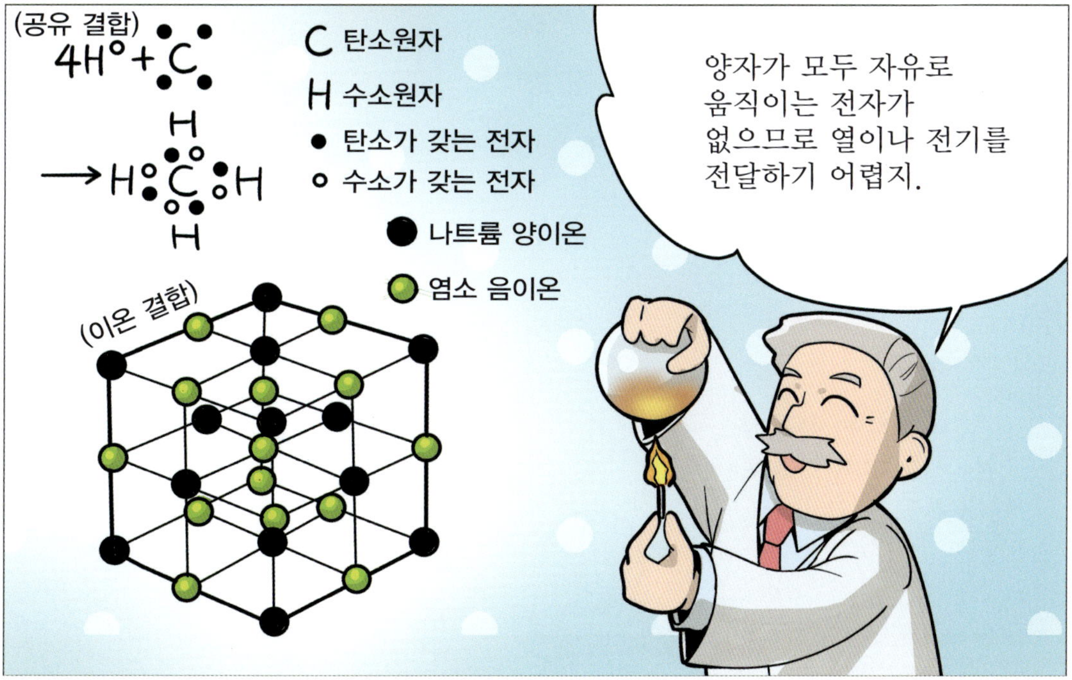

그러면 금속 이외의 고체는 어떤 구조로 되어 있을까? 예를 들면, 소금(염화나트륨)은 나트륨 원자가 (+)이온으로, 염소 원자가 (-)이온(전자가 많은 상태)으로 되어 양자가 한 쌍으로 규칙적으로 배열한 「이온 결합」의 구조로 연결되어 있다.

또 다이아몬드나 수정은 전자가 부족한 원자끼리 1개의 전자를 공용하는 「공유 결합」이라는 구조로 연결되어 있다. 이것들은 어느 것이나 항상 전기적으로 안정되어 금속과 같이 자유롭게 움직일 수 있지만, 전자가 없어 전기나 열을 전달하지 못한다.

전자와 전류

위의 그림과 같이 전선에 전압을 인가하면 전선 속의 전자는 양이온보다 강한 힘을 가진 (+)극 쪽으로 끌려 (+)극으로 향하며, 이 전자의 움직임이 전류이다. 그런데 이상하게도 전자가 움직이는 방향은 전류의 방향과 정반대이다.

실은 최초로 전류의 실험을 한 19세기 초 전자의 연구가 진행되지 않던 시대에 전류는 (+)극에서 (−)극으로 흐르는 것으로 단정하였다. 또 전선 속에서 전자의 이동 속도는 초속 몇 mm로 느리므로 전자의 흐름은 마치 치약이 튜브에서 나오는 것과 같다고 생각하면 된다.

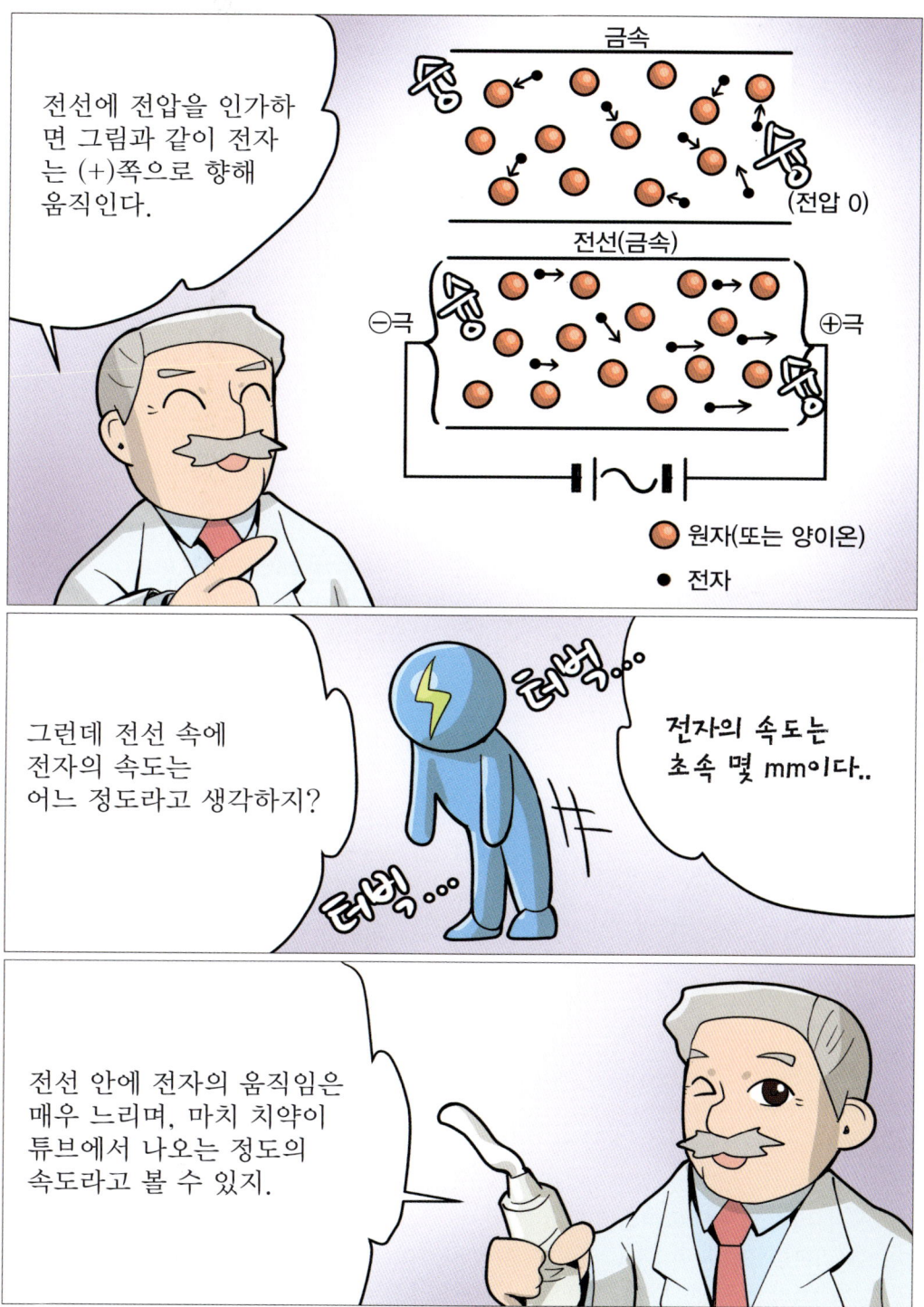

전기 소량(電氣素量)

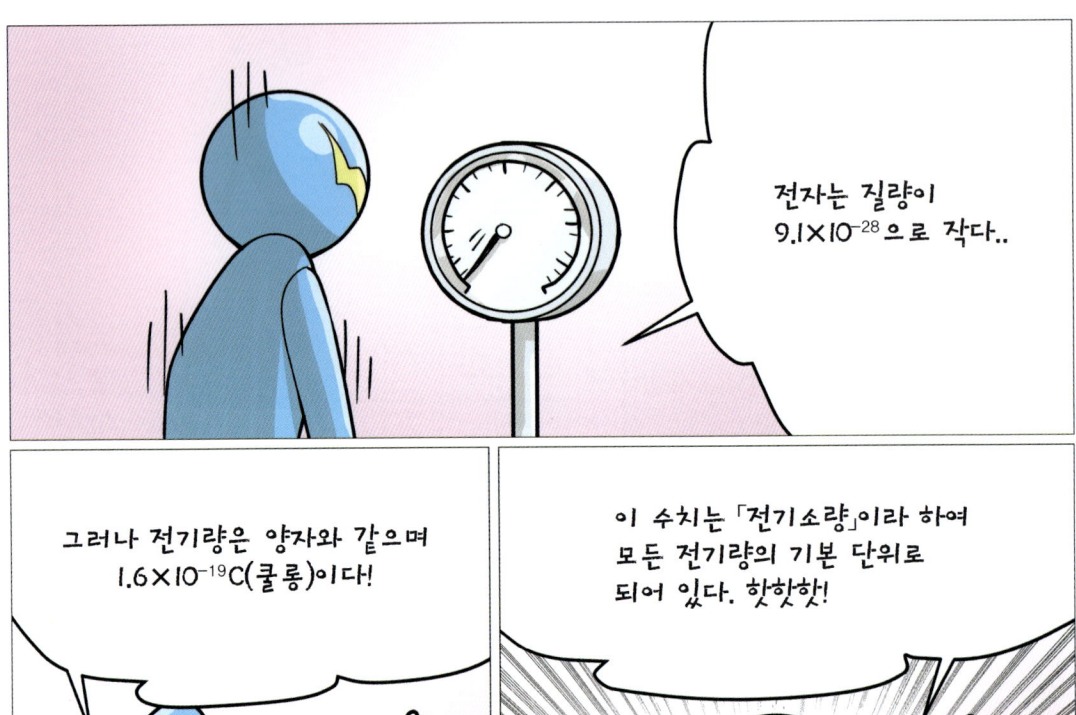

전자의 질량은 9.1×10^{-28}로 매우 작으며, 수소 원자(양자 1개와 전자 1개)의 1/1800 정도인 전자이지만, 양자와는 1대 1로 대응하는 전기량을 가지고 있다.

전자의 전기량은 1.6×10^{-19}C(쿨롱)이다. 이 수치는 「**전기 소량**」이라고 부르며, 모든 전기의 양을 생각하는데 기본량으로 되어있다. 1C은 1A의 전류가 흐르는 전선의 단면에 1초 동안 흐르는 전기량이다. 즉, 1A가 흐르는 전선의 단면에는 1초 동안 6.25×10^{18}개의 전자가 흐르고 있다.

자유 전자와 저항

여기까지 전자에 대해 설명했는데, 제3장의 「온도에 의한 저항값의 변화」항에서 설명한 전기란 **"자유 전자"**이다. 이 자유 전자가 (+)극을 향해 이동할 때 자유 전자는 원자나 다른 자유 전자에 부딪혀 속도가 느려져 1초 동안 전선의 단면을 통과하는 전자의 양이 줄어든다.
즉 원자 등에 충돌하는 횟수가 많은 전선일수록 전류값이 낮고, 또는 저항값이 높다.
온도가 올라가면 원자의 진동이 심해져 자유 전자가 충돌할 확률이 많아 저항값이 올라간다.

진공관

음극
격자
양극
히터
소켓

이것이 3극관이다.

크룩스관과 같이 관속을 진공으로 하고 (+)극과 (−)극을 설치하여 (−)극에는 낮은 전압으로 전자가 튀어나오도록 가열 회로를 배치한 관을 「**2극 진공관**」이라고 한다. (+)극과 (−)극 사이에 교류를 인가하면 (+)극의 전위가 높을 때만 (−)극에서 전자가 튀어나와 전류가 흐른다. 즉 2극관은 교류를 맥류로 바꾸는 「**정류**」작용을 한다. (+)극과 (−)극 사이에 격자를 넣은 것을 「**3극관**」이라고 하며, 3극관에서는 격자와 (−)극 사이에 다른 전압을 인가하여 (−)극에서 튀어나오는 전자의 양을 제어할 수 있다.

반도체

저항값이 큰 부도체와 작은 도체와의 중간 성질을 가진 것을 「반도체」라고 한다.
예를 들면, 물질에는 도체, 부도체 외에 절대 영도(-273℃)일 때는 완전한 공유 결합이므로 자유 전자를 갖지 않지만, 온도가 올라가 원자의 진동이 심해지면 자유 전자가 튀어나가 도체의 성질을 나타내는 것이 있다. 이러한 성질을 가진 것을 「진성 반도체」라고 한다. 크롬, 코발트 등의 산화물을 혼합하여 만드는 온도 센서 「서미스터」는 그 대표적인 것이다.

불순물 반도체와 N형 반도체

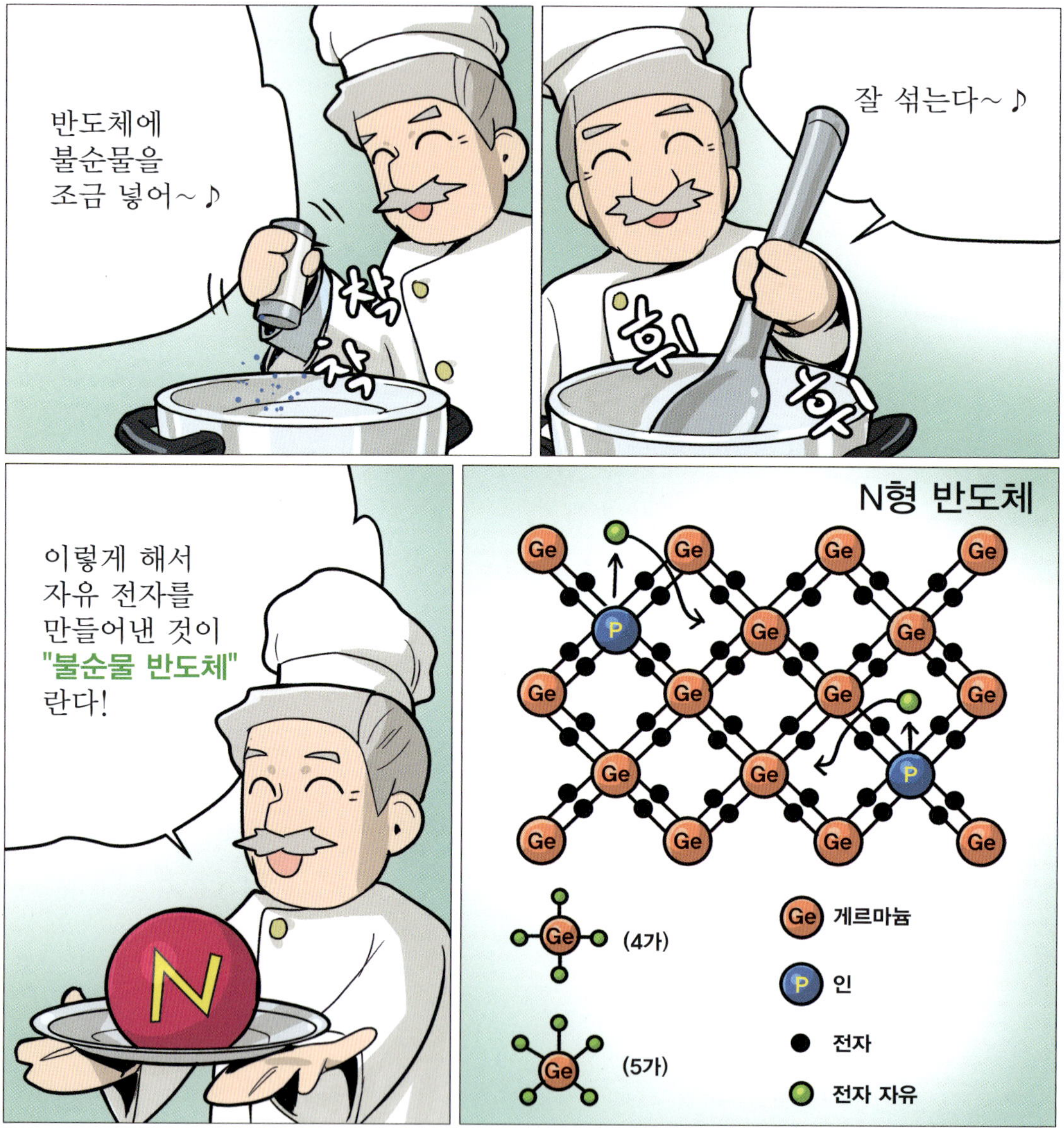

불순물을 소량 첨가하여 자유 전자를 만들고 도체의 성질을 높인 반도체를 「불순물 반도체」라고 한다. 예를 들면, 게르마늄은 각각의 가전자를 4개씩 공유 결합하여 전기가 통하기 어려우나 이중에 가전자 5개를 가진 인이나 비소를 소량 첨가하면 게르마늄과 결합하여 남은 1개의 가전자는 자유 전자가 되어 날아다닌다. 이와 같이 (−) 성질을 나타내는 여분의 전자를 만들어 도체의 성질을 갖게 하는 반도체를 「N형 반도체」라 한다.

P형 반도체

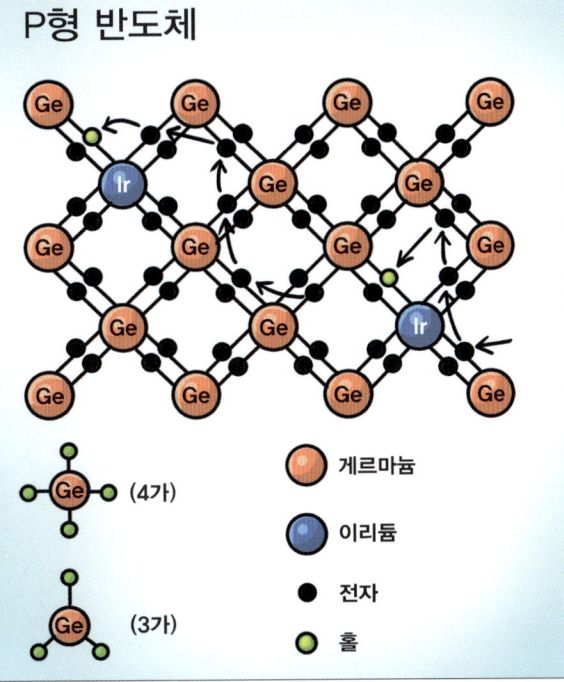

게르마늄에 대해 3개의 가전자를 가진 갈륨이나 이리듐을 소량 첨가하면 어떻게 될까? 이때도 불순물은 게르마늄과 결합하지만 가전자가 4개인 게르마늄과 결합할 경우에 1개만 가전자가 부족하게 된다.

그래서 주위의 전자가 부족한 구멍으로 들어가면 또 한 곳에서 전자가 부족해진다. 이 연쇄 반응으로 전자가 부족한 홀(정공)이 자유롭게 움직이는 듯한 성질을 나타낸다. 이 (+)전기의 성질을 나타내는 「홀」을 가진 반도체를 「P형 반도체」라 한다.

반도체 다이오드

N형과 P형 반도체를 접속하면 **반도체 다이오드**가 된단다.

전류가 흐르는 방향 →

다이오드의 회로 기호

N형과 P형을 접합하면 두 반도체의 경계인 P형 전자가 없는 곳에 N형 전자가 들어가서 부도체의 얇은 막을 만든다.

쩍!

N형과 P형 반도체를 접합하면 P형의 전자가 없는 곳에 N형 속의 전자가 들어가 2개의 경계선에 부도체의 얇은 막을 만들어 전자와 홀을 양쪽으로 나누어 가둔다. 이 상태에서 N형에 (+)의 전압을 인가하면 전자와 홀은 모두 (+)극과 (−)극으로 끌려가 접합면의 저항이 커지므로 전류는 흐르지 않는다.

그러면 N형에 (−)의 전압을 인가하면 전자는 (+)극으로 당겨져 경계선의 부도체 막을 넘고, 또 (−)극에서 N형으로 전자가 제공되므로 전류가 흐른다. 이와 같은 것을 「**반도체 다이오드**」라고 한다.

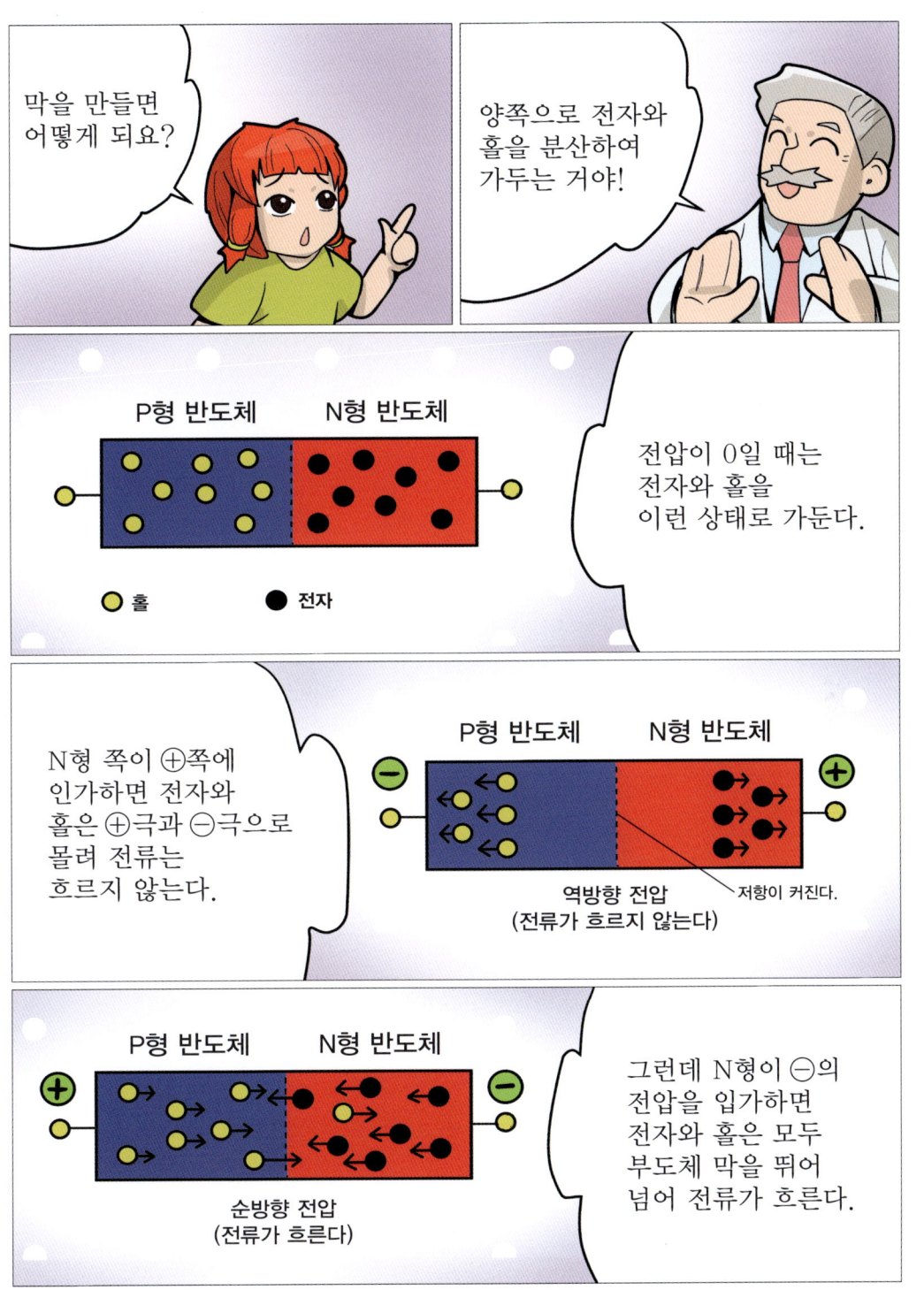

다이오드의 정류(整流) 작용

그림과 같은 반도체 다이오드와 저항을 직렬로 연결한 회로에 교류 전압을 인가하면 저항의 양 끝에는 어떤 전압이 나타날까? 교류 전압이 (+)일 때 즉, A점이 B점보다 전위가 높을 때 다이오드에 전류가 흘러 저항값은 저항 R에 비해 매우 작아지므로 저항 R의 양 끝에는 교류 전압이 그대로 나타난다.

그러나 교류 전압이 (−)가 되면 다이오드에 전류를 흐르지 않으므로 저항 R의 양 끝의 전압은 항상 0으로 된다. 이 **「정류 작용」**은 2극 진공관의 경우와 같다.

트랜지스터의 구조

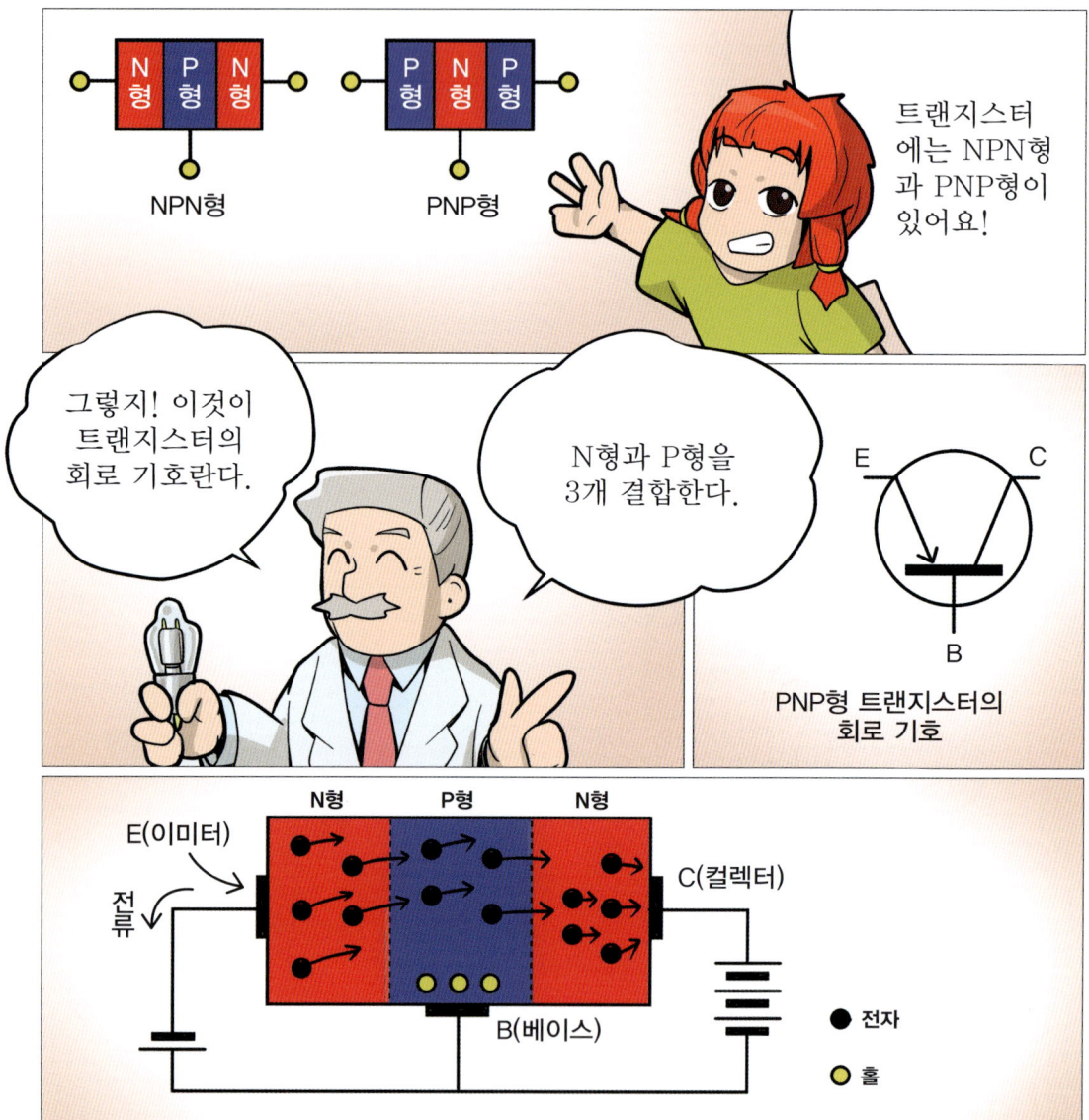

N형과 P형을 3개 결합된 샌드위치 구조이다. 예를 들면 P형을 2개의 N형 사이에 끼운 「NPN형」에 그림과 같이 전압을 인가하면 B점(베이스)과 C점(컬렉터) 사이에는 「역방향」의 전압이 인가되어 전자와 홀은 각각 분산된다.

한편, E점(이미터)과 B점 사이에는 「순방향」의 전압이 인가되므로 전자가 접합면을 통과하여 B점으로 들어가면 B점과 C점 사이의 전압에 이끌려 C점까지 침입한다. 그리고 C점의 전자와 결합하여 큰 전류를 만들어 낸다. E점과 B점 사이의 전압이 역방향이면 컬렉터 전류는 흐르지 않는다.

트랜지스터의 역할

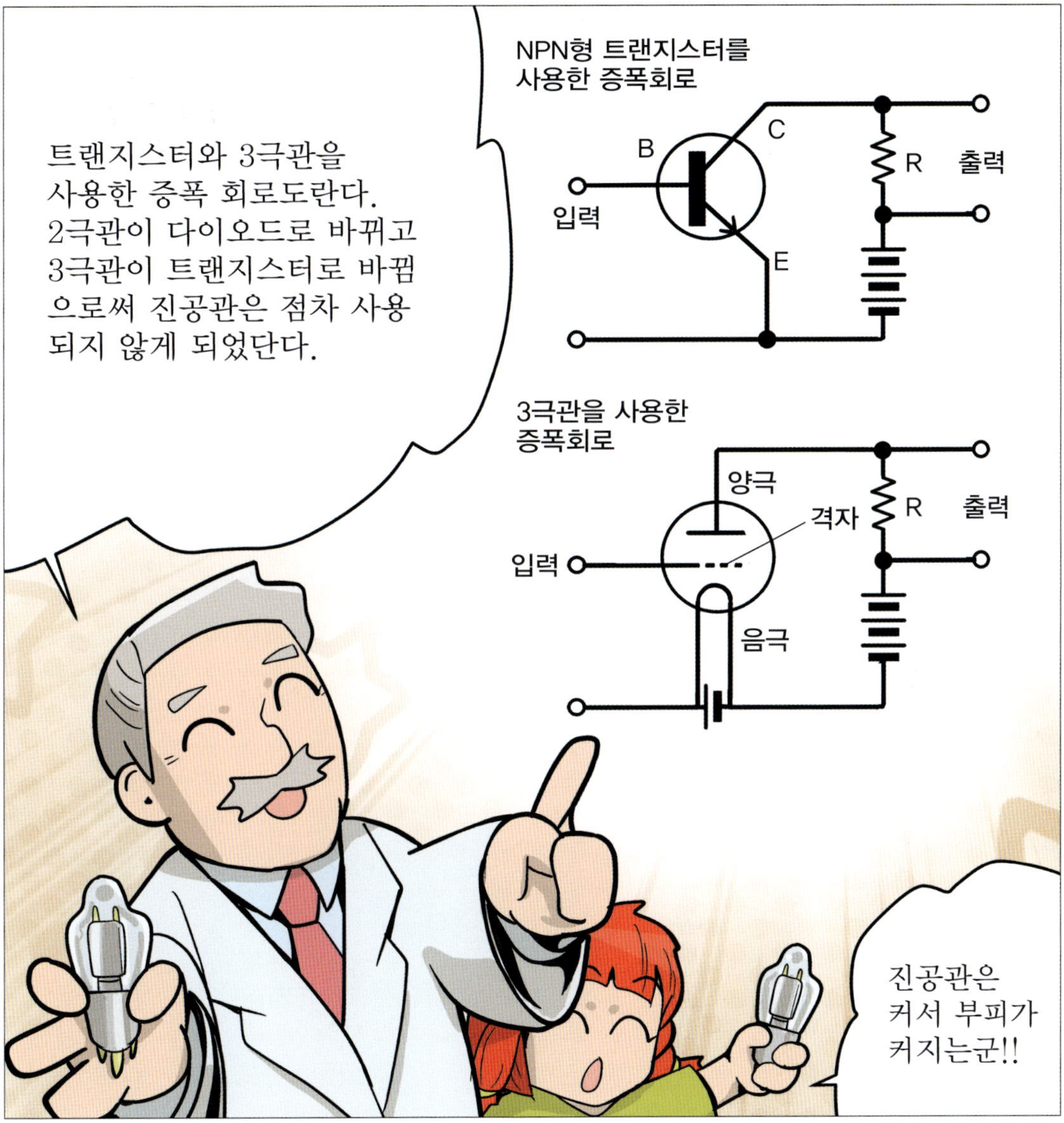

트랜지스터와 3극관을 사용한 증폭 회로도란다. 2극관이 다이오드로 바뀌고 3극관이 트랜지스터로 바뀜으로써 진공관은 점차 사용되지 않게 되었단다.

NPN형 트랜지스터를 사용한 증폭회로

3극관을 사용한 증폭회로

진공관은 커서 부피가 커지는군!!

트랜지스터의 큰 특징은 베이스와 이미터 사이에 인가하는 전압으로 컬렉터에 흐르는 전류를 자유자재로 제어할 수 있다는 것이다. 베이스에 인가하는 작은 전압의 변화를 컬렉터와 이미터 사이에 출력되는 큰 전압의 변화로 바꿀 수 있다.
이것을 「**증폭 작용**」이라고 하며, 3극관과 같은 작용을 한다. 3극관도 작은 격자 전압의 변화를 큰 (+)극 전압의 변화로 바꿀 수 있다. 그리고 2극관이 다이오드로, 3극관이 트랜지스터로 바뀌어 진공관은 점차 사용되지 않게 되었다.

콘덴서

평행한 2장의 도체 판 사이에 절연물을 끼운 것을 「콘덴서」라고 한다. 콘덴서에 전지를 연결하면 전류는 흐르지 않고 절연물에 그림과 같이 (+)쪽과 (-)쪽이 규칙적으로 정렬하는 「유전 분극」현상으로 도체 판에는 각각 (+)와 (-)의 전기가 저장된다.

저장되는 전기의 양은 절연물로 결정되며, 저장되는 비율을 정전 용량(C)이라 한다. 정전 용량 C, 인가하는 전압 V, 저장되는 전기량을 Q라고 하면 「Q = CV」의 관계가 있으며, 정전 용량의 단위는 F(패럿), F의 10만분의 1을 μF라고 한다.

콘덴서의 역할

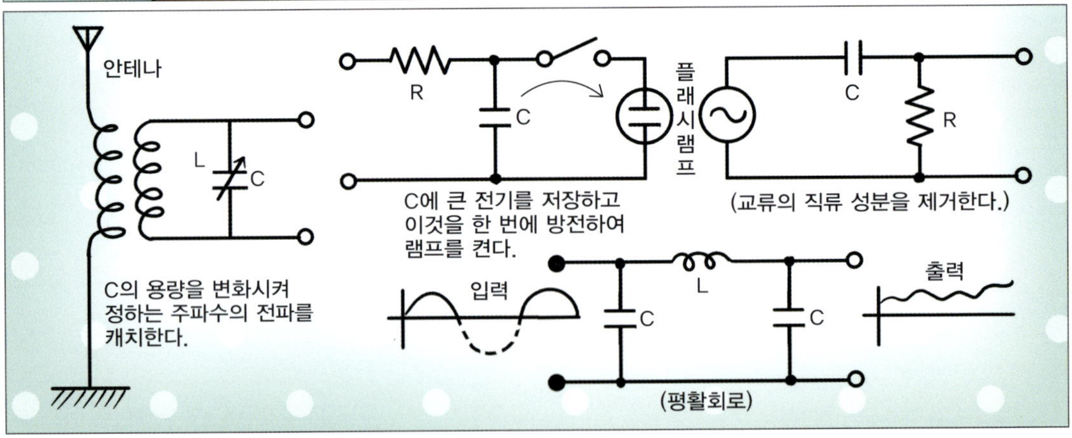

콘덴서는 저장한 전기를 순간적으로 사용하는 카메라의 플래시 램프 전원이나 교류에 걸린 직류 부분을 제거하는 회로에도 사용한다. 코일과 함께 사용하여 다이오드 등으로 정류된 맥류 간격을 좁혀 매끄러운 직류로 만드는(평활) 역할도 한다.

또, 코일과 병용하여 특정 주파수의 신호만을 꺼내거나 필요가 없는 주파수의 신호를 제거하기도 한다. TV나 라디오에서 채널을 맞추는 것도 이 콘덴서(또는 코일)를 조절하여 주파수를 선택하는 것이다.

IC(집적 회로)

트랜지스터와 다이오드는 작아서 좋아.

짜잔!

진공관과는 비교도 안 될 정도로 편리해!

그러나 트랜지스터나 다이오드도 한 번에 많이 접속하는 것은 곤란해.

그래서 IC가 나온 거야! 아래 AND 회로 등도 1개의 IC에 여러 개를 넣을 수 있지.

AND 회로

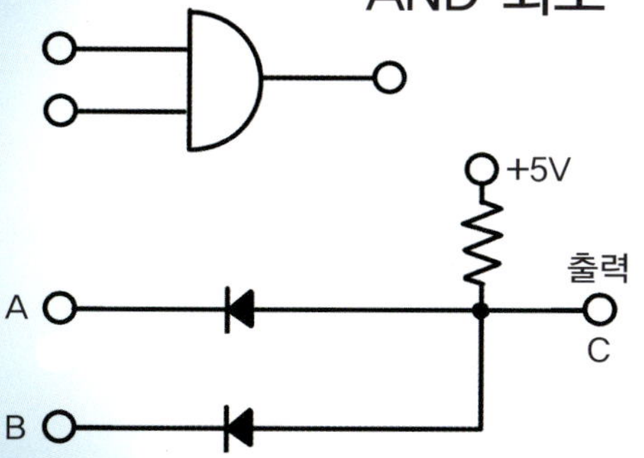

A	B	C
1	1	1
1	0	0
0	1	0
0	0	0

1=+5V
0=0V

AND 회로란 예를 들면 A와 B의 입력이 모두 1일때만 출력이 1로 되는 회로를 말한다.

트랜지스터나 다이오드는 진공관에 비해 훨씬 편리하게 사용할 수 있으므로 한 번에 많이 사용하는 경우가 많아졌지만 하나하나 접속하는 것이 번거롭다.

그래서 P형과 N형을 모두 실리콘 기판 위에 금속의 얇은 막으로 배선하여 회로와 함께 전체를 장착한 것이 IC(집적 회로)이다. 예를 들면 A와 B의 입력이 모두 「1」(회로에서는 +5V가 「1」)일 때출력 C가 「1」이 되는 AND 회로를 하나의 IC에 얼마든지 결합할 수 있다.

개념을 만화와 애니로!
전기전자 쏙닥쏙닥

초 판 인 쇄	2020년 1월 2일
초 판 발 행	2020년 1월 10일

기 획	골든벨 R&D 발전소
발 행 인	김길현
발 행 처	(주) 골든벨
등 록	제 1987-000018호 ⓒ 2020 GoldenBell Corp.
ISBN	979-11-5806-422-8
가 격	15,000원

기술 교정	이상호	국어 교정	조혜숙
만화	아우라디자인연구소	애니메이션	강주원
표지디자인	김주휘·조경미·김한일	편집디자인	김주휘
공급관리	오민석·김정숙·김봉식	제작진행	최병석
웹매니지먼트	안재명·김경희	오프 마케팅	우병춘·강승구·이강연
회계관리	이승희·김경아		

(우)04316 서울특별시 용산구 원효로 245(원효로 1가 53-1) 골든벨 빌딩 5~6F
- TEL : 도서 주문 및 발송 02-713-4135 / 회계 경리 02-713-4137
  내용 관련 문의 02-713-7452 / 해외 오퍼 및 광고 02-713-7453
- FAX : 02-718-5510 • http : //www.gbbook.co.kr • E-mail : 7134135@naver.com

이 책에서 내용의 일부 또는 도해를 다음과 같은 행위자들이 사전 승인 없이 인용할 경우에는 저작권법 제93조 「손해배상청구권」에 적용 받습니다.
① 단순히 공부할 목적으로 부분 또는 전체를 복제하여 사용하는 학생 또는 복사업자
② 공공기관 및 사설교육기관(학원, 인정직업학교), 단체 등에서 영리를 목적으로 복제·배포하는 대표, 또는 당해 교육자
③ 디스크 복사 및 기타 정보 재생 시스템을 이용하여 사용하는 자